万里波平也有皱，何况平凡人生乎?

物有纵横，人有顺逆。纵横交错，顺逆相伴，这才是真实的人生。

山泽为阻，一桥变通途。人生坎坷，友情感身心。

人生无坦途，荆棘常入路。

再艰难的人生，也要拼尽全力活好

王永光◎著

中国出版集团 现代出版社

图书在版编目（CIP）数据

再艰难的人生，也要拼尽全力活好 / 王永光著 .—
北京：现代出版社，2019.2

ISBN 978-7-5143-8316-4

Ⅰ . ①再…　Ⅱ . ①王…　Ⅲ . ①人生哲学—通俗读物
Ⅳ . ① B821-49

中国版本图书馆 CIP 数据核字（2019）第 272746 号

再艰难的人生，也要拼尽全力活好

作　　者：王永光
责任编辑：刘全银　王志标
出版发行：现代出版社
地　　址：北京市安定门外安华里 504 号
邮政编码：100011
电　　话：010-64267325　64245264（传真）
网　　址：www.1980xd.com
电子邮箱：xiandai@vip.sina.cn
印　　刷：大厂回族自治县彩虹印刷有限公司

开　　本：710mm × 1000mm　1/16
印　　张：16　　**字　　数**：188 千字
版　　次：2020 年 1 月第 1 版　　**印　　次**：2020 年 1 月第 1 次印刷
书　　号：ISBN 978-7-5143-8316-4
定　　价：36.00 元

前言

foreword

年轻时，喜欢旅行，走了那么远的路，去了那么多的地方，也看过无边的风景；可是随着年龄增长，越来越发现，不管多远的路，多大的世界，唯一不变的是那些寻常的人间风景：那些父慈子孝，那些母爱儿欢，那些年轻爱侣，还有老夫老妻，那些善良的陌生人，唯有他们才是这世间最美的风景。

这本小书，通过60多个故事，写尽了世间烟火平常，也道出了人间大爱。现实的世界是有着诸多不完美的，大多数人都会遭遇某种遗憾，然而人生来路不管曾经历多少悲欢，你得到的，已属万般幸运；你失去的，终会以另外一种方式偿还你对这个世界的深情。

就像你的父母，你慢慢长大，他们已悄悄变老。老到他们愿意接受一切世俗，也清楚了自己的脆弱，却还是敢于在尝遍所有酸甜苦辣之后，依然为你保持天真，愿为你负重前行，而毫不犹豫。他们愿用全部，换你每一步平安。

也许他们成不了天下最好的父母，也没有那么风光荣耀，他们没有那么有钱，他们甚至没有那么好的脾气，他们为生活而苟且，他们因将就而不再勇敢，但在爱你这件事上，他们从来都不会懦弱。

也许他们这一生都没有找到更大、更远的世界，他们只是找到了一份暖着悲怆孤独的倔强，往后余生，他们不再轻易妄谈理想，因为肩上扛着一身的责任；往后的每一天，都是劫后余生，所以他们步步珍惜，穿越人生风雨，慢慢活成了一尊菩萨。

那是一尊爱你的菩萨！

所以，愿你想要的，都去努力争取；愿你幸运享受成功，也能坦然面对遗憾失败；愿你开心时骄傲大笑，落寞时也能咽下委屈眼泪；每一种都是人间所要必定经历的滋味，而这些滋味将让你的生命更丰满，也更有厚度。就算世间仍有那么多不完美，所以，才更需要你在薄情的世界，努力深情地活着，拥有一身爱的光辉；因为这世界多了一个这样的你，人间也必定多了一抹温馨的暖色。

请坚信，这世界亏待你的，生活曾亏欠你的，都会以爱的方式慢慢找回来。因为心若在，梦就在，爱若在，光便不灭；这持久的温暖，是你们之间永远最大的福气。

目 录

CONTENTS

第㊀辑

每一份善良都是盛开的阳光

人心都是向往希望的，向往希望是生命的本能，喜看春芽绿意萌，厌观秋草枯黄衰；给人希望的，永远是暖，带来暖的永远是善。每一份善良都是深情盛开的阳光，给人帮助，是大慈悲、大德行，赠人玫瑰，亦手留余香。这个世界尽管永不完美，但善良热心总会让人看到希望，善美之花开在利欲重重之中，才显得更加宝贵，更让人温暖，也更催人奋进，努力让这个世界更美一点！

第㈡辑
良心，是盛开在世间最美的花朵

趋利避害是人的本能，没有人喜欢天生吃亏，然而君子求财，取之有道，唯道恒其久远。道在心中，德在身上；勿以恶小而为之，勿以善小而不为，人心良善，信得久远，暖着别人，也暖着自己，才有天长地久，生生不息。那些盛开的良心，总会被人记住，也被更多的人普及。

第㊂辑
他愿走遍所有黑夜，只为给你一窗阳光

你想要的最好生活，其实一直都在未到的远方，而爱你的父母所给你的，已是他们所能给的最好的。这应该就是最好的生活吧；他们给的已是他们所能给的全部。世界有着那么多你想要的纷繁精彩，而他们一直站在这精彩的背后，倾尽所有为你努力。每一份诗和远方，都有一个人为你负重前行，哪怕走遍所有黑夜，只愿给你一窗阳光。让你有足够的勇气，奔向更好的未来。

第㊃辑

世间唯有爱的掌声最精彩

他也曾青葱年少，也曾繁花似锦，只是他一旦有了你，心里装满的便全是责任，这责任就是他的全世界，因为你就是他的全世界。不管世界冷与暖，他唯知与你争朝夕，不管生活好与坏，他不让你尝酸与苦，唯有他替你一一尝过，像蜜蜂采集百花，为你带回蜜来。你为那么多的世界风光、别人的骄傲鼓掌喝彩，其实，你最该给掌声的是他的爱。

第㊄辑

那个爱字我没说，但一直在心里

我其实最想说爱你，可是我觉得太胆小，我怕我做不到那么好；所以，我唯有拼尽全力，努力对你好。等我爱到已是足够，我想已没说的那个必要，因为我已经很爱你了。因为我相信，即便我不说，你已分明地知道。这样，我便安心，把那一字之爱，牢牢装在心里，一直陪你到老。

第 ㊅ 辑

愿你幸福长大，是我一生不改的誓言

世间最好的事，就是我看你在我的世界，一步步长大，好好长大；哪怕是有一天，你长大到渐渐远离我的世界，我依然觉得那是最好的，因为你好这件事，没有什么比这个更重要。也许我身上总有这样那样的缺点，也许命运总是和我开着无常的玩笑，但就算一身狼狈，我仍愿小心翼翼地拿出我的最好，都给你。哪怕你不喜欢，不满意，但请记住，这天下永远都不是你自己的，唯有我可以全部是你的。

01

第一辑

每一份善良都是盛开的阳光

人心都是向往希望的，向往希望是生命的本能，喜看春芽绿意萌，厌观秋草枯黄衰；给人希望的，永远是暖，带来暖的永远是善。每一份善良都是深情盛开的阳光，给人帮助，是大慈悲、大德行，赠人玫瑰，亦手留余香。这个世界尽管永不完美，但善良热心总会让人看到希望，善美之花开在利欲重重之中，才显得更加宝贵，更让人温暖，也更催人奋进，努力让这个世界更美一点！

留爱一点尊严，看温暖盛开人间

有时候，你看到的未必就是真相；有时候，你懂得的才是真情。

将近“五一”小长假，来银行取钱的人挤满了大厅，一个接一个取钱、存钱、转账的，忙得我头都要大了。这天快中午的时候，一个 30 岁左右民工模样的男人在被我叫了号以后凑上来，一个 20 多岁的女人也紧跟过来。我生气地脸一黑喝道：“排队，叫了号再过来。”可是那女人还是没有回转的意思，民工兄弟不好意思地冲我笑笑：“我们一起的。”

他把银行卡递进来说：“取点零花儿。”我一下子就急了：“取小额到外面自动取款机上去取！”他一脸难为情地说：“我们就在这里取吧，排了半天队了。”

“给你说了到外面去取、到外面去取，你怎么就听不明白呢……”我急了。

可那民工兄弟还是坚持在窗口取。“天！我服了。”没奈何，只好把银行卡接了过来，没好气地说：“取多少？”

民工兄弟说：“看看里面还有多少钱。”

在密码提醒后，他输入了密码，我的脸一下子绿了……

怪不得他非要坚持在这里取，因为那卡上的钱在自动取款机上根本就取不出来。我有些嘲笑地说：“还有 37 元 6 角——”我故意把声音拉得很长，大厅里的所有人应该都听得倍儿清楚。

只见民工兄弟脸一红：“那……那就取 30 元吧。”

我心里想：取这么点儿钱还折腾我，也叫你丢丢人。不一会儿，我把 30 元钱丢给了男人。

这时中午替班的来了，我交了班以后，匆忙去了街对面的一家面馆，因为我早就饿坏了。

可是走进店里，却发现那民工兄弟和他的女人也在里面，女人的面前摆着刚刚盛好的一大碗担担面，而男人的面前则是一碗亮亮的白开水……

女人手里拿着筷子，却怎么也不见落进碗里，表情阴郁。民工兄弟见我走了进来，一下子红了脸，向里面转了一下头，大概是因为刚才在银行里的窘态，有些害羞。

我也忙知趣地快走几步来到吧台对老板娘说：“来一小碗担担面，打包带走。”在等面的几分钟里，我听见民工兄弟低声对女人说：“吃吧，你吃点吧！不为自个儿，也得为肚子里的孩子。”声音里明显带着哀求。我侧眼一看才发现女人是个孕妇。“我知道这事儿怨我，我不该把攒的钱借给刘三儿，可人家刘三儿他爹在医院里等着救命呢，你叫我说个啥？本以为头过年老板还能给咱发两千元，谁知道工地被质监局查封。吃吧。吃了这碗面，咱就回家，搭大志的货车走……”

我的心一下子提了起来，脸也跟着一下子红了，后悔不明真相的自己刚才真不该那么对他。

我拿了面，塞给老板娘 15 元钱，小声对她说：“再给西边最北头那张桌子上碗面，我结账！我老家一个兄弟。”然后快步跑出了面馆。

我不想当面说清，是不想让民工兄弟再难堪。他是个好人：是个同伴遇到难处会毫不犹豫帮一把的好心人，是个懂得疼老婆、对孩子负责的好男人。而我需要做的不是堂而皇之的施舍，而是必须替他好好维护他那份虽然艰难、却高贵的——爱的尊严。也让他觉得这世界上还有和他一样的好心人，让他可以有信心、有勇气把内心那份爱的尊严继续下去、坚持下去……

一碗饭盛满了善良的阳光

一个人没有办法选择自己的出身，也没有办法去预知命运的安排，但一个人却可以心怀希望，好好用心去努力，哪怕是倔强的艰难，然后命运也许就在对你关上了诸多门后，为你开一扇窗。而其实，那扇窗是你自己为自己打开的。人生路上，世道苍茫，若是有人为你打开了一扇窗，那么那扇窗里，照进来的定是善良的阳光。而它也教会你为别人盛满一碗阳光，双手递过去。

为了供儿子上大学，大川带着媳妇来到城里开了家小吃店，卖排骨米饭。为了吸引更多的客人，大川打出了“米饭一元管够”的广告招揽生意。一时间顾客盈门。

这天，快打烊的时候店里来了一个穿得有些土气，但看上去文文弱弱的十七八岁的男孩儿，一看就知道是从农村出来的。男孩儿表情拘谨地说：“请问这里的米饭真的是一元管够吗？”

大川笑了笑说："当然！我挂着招牌做生意，你以为我是开玩笑逗你玩儿呀？"男孩儿听了这个，面露喜色地说："那我要一元钱的米饭。"说着从手里递过一元钱给大川。

大川一愣，心想敢情是想来占这个便宜呀，心里正不痛快，男孩儿突然红着脸说："要不行，就算了。"大川仔细瞅了瞅，觉得男孩儿又不像是来捣乱吃"霸王餐"的，说不定是刚从农村出来还找不到工作。想当初自己从乡下刚来到城里时，也有吃了上顿没下顿的时候，于是就动了恻隐之心，专门拿了一个大一点儿的碗，给男孩儿满满地盛了一碗。男孩儿接过碗坐在靠角落的一张桌子上，拿起筷子，先是小心翼翼，然后等店里的顾客都走完了，才大口大口地吃起来，看来像好几顿饭没吃了。因为吃得急，不一会儿，男孩儿就被饭噎得脸通红，大川走进后厨把菜锅端了出来，给男孩儿舀了一勺菜汤浇到碗里。男孩儿有些惶恐地抬起头，大川忙笑着说："不要钱！今天剩下了，明天就不新鲜了，这个不要你钱。"

男孩儿的脸一红，说了声："谢谢叔。"

等男孩儿快吃完的时候，大川问："吃饱了吗？够吗？不够再来点儿，叔写的就是一块钱管够，绝不食言。"

"不了，够了叔，吃得很饱了。"男孩儿把碗里的米吃得一粒不剩时说。大川本以为男孩儿吃饱了就走了，没想到男孩儿又掏出一块钱来，说："叔，谢谢你，我能再带一份走吗？晚上吃。"

大川苦笑，干脆好人做到底吧，正想说"没问题"，大川媳妇从屋里走出来喊了句"大川"，冲他递了个眼色。大川转身进了后厨，两人不知嘀咕了几句什么。然后大川就笑着从里面出来了，手里拿了一个一次性餐盒，装了满满一盒米饭递给男孩儿。

男孩儿连说了两句谢谢，转身走出了饭馆。

原来，刚才在后厨大川媳妇说："我看这孩子怪可怜的，还长个儿呢，光吃米饭哪行啊。"于是两人就在饭盒底下给男孩儿添了一勺菜，还有几片肉和一个卤蛋。

第二天，男孩儿又来了，照样是要一块钱的米饭，吃饱了，再交一块钱带走。第三天、第四天，都是这样来。

大川媳妇就有些不高兴了，生气地说："还真拿我们这里当慈善机构了，他那肉菜和鸡蛋肯定是吃上瘾了。"

大川说："别那么说，再说他每天也是咱都快打烊的时候才来，咱卖剩下的，明天也不能卖了，不如就让他吃了，谁还没个难处呢？没准儿过上十天半个月的，等他找到活儿干，发了工资，他就不这样了。"

可是，都快两个月了，男孩儿还是雷打不动地来吃。大川也有点恼火了，心想，我可怜你是可怜你遇到难处，可你要总抱着这种占便宜的心态，就让人瞧不起了，就不能再可怜你了。

这天，男孩儿又来了。大川照常把饭递过去说："还没找到活儿干？还没发工资？"

男孩儿愣了一下，红着脸说："叔，我不是打工的，我是上学的。"

"上学？上什么学？"大川问。

"×× 理工大学。"男孩儿说。

"哦，就是人民路上那个理工大学吗？那可是个重点大学呢。"大川面露喜色，他对农村考上大学争气的孩子，有种本能的喜欢。

“那你怎么不在学校食堂里吃？”大川话出了口就后悔了，大学食堂吃顿饭怎么也得十块八块的。男孩红着脸低下头说：“家里穷，我的学费都是贷的款。”

大川的心一下子就软了，还有点莫名的心疼，想想自己为了给儿子挣学费受了那么多罪，大川又转身从菜锅里给男孩儿往碗里添了点肉汤。

临走的时候，大川照旧把一盒饭递给男孩儿。

可是男孩儿走出门后，大川媳妇说：“你说他说的是真的吗？”

大川迟疑了一下说：“我跟他去看看不就知道了。”

大川迈步跟了出去。跟着跟着，大川心里没底了，因为男孩儿走的根本不是去学校的那条路。

大川继续跟在后面，想看个究竟。

不一会儿，大川跟着男孩儿来到一个地铁口，一个流浪汉脏兮兮地坐在地上冲着来往的路人乞讨，路人都生厌地躲闪着。男孩儿向流浪汉走过去，把那个饭盒递给了流浪汉，流浪汉欢喜地接过去狼吞虎咽地吃起来。男孩儿笑了笑说：“你慢慢吃，我得赶紧去上课。”然后跑走了。

大川愣在那里，看清了流浪汉坐在一块带轮子的木板上，没有双腿。也知道了原来男孩儿每天是定时把饭送到这儿来，然后赶时间去上课，根本不知道米饭下面有肉和菜。

大川为自己和媳妇的猜测，有点脸红。

大川决定帮帮这个孩子，还有那个流浪汉。不就再添一碗白米饭嘛。

这世间，往往最好的善良，不是风光荣耀时的利益互换，而是你艰难坚持梦想时，有人与你惺惺相惜，让彼此都看到希望，能够继续微笑着生活，前行。

每一份慈悲，都是一尊微笑的菩萨

这世间的爱，往往只是我一转眼瞥见了你，然后我的心那么柔软，并且我愿意为这柔软，毫不犹豫地给你温暖，却不知为什么，只为你能够露出希望的微笑。

哑婆坐在小区娱乐健身场地外的北墙根儿下，脸上的笑在一道道皱纹里开得像花……

两个七八岁大的孩子在场上跑来跑去，嬉戏欢笑，男孩儿虎头虎脑、胖嘟嘟的，女孩儿穿着艺术学校的舞蹈服，俊俏可爱。

这是一对龙凤胎。哑婆喜欢孩子。

可哑婆没有孩子。

哑婆住在小区旁边的光荣院里，三年前搬进来的。没搬来之前，哑婆和老伴儿在乡下村里过活，房前屋后开荒种地，尽管他们不缺那口粮食。男人二十二岁那年从朝鲜战场上回来，不但瘸了一条腿，“男根儿”也废了，丧失了生育能力。男人没能留到部队当干部，因为没文化。可男人回来后，部队上给开的工资比县长都高。可还是没哪个女人愿意嫁给男人，嫁给他等于守一辈子活寡，村里的女人这么说。

男人三十三岁那年，经村主任做媒，二十九岁的哑婆嫁给了他，有点组织安排的味道。虽然生不了孩子，但哑婆和男人的日子似乎过得很有滋味。那时，男人骑着全村唯一一辆新飞鸽自行车天天载着哑婆去这乡那镇上赶集，什么好吃买什么、什么衣服漂亮穿什么。哑婆虽哑，但却是那时村里最时髦的女人。

结婚三年后，村会计给哑婆送来一个孩子，说是一个亲戚超生想要个儿子，结果又生了个闺女。哑婆欢喜得不行，男人也欢喜，一个家就这样七拼八凑地圆满了。

但不久后，男人在一次喝酒时听说，孩子是村会计花两千块钱从人贩子手里买来的，便火冒三丈，一瘸一拐地冲到会计家里……

男人当着村主任的面，把村会计骂了个狗血淋头。村会计也恼了，指着男人的鼻子说：“刘为国，你别不识好歹！我是看你帮忙让我儿子当了兵，才给你做下这积德行善的好事，你这老顽固怎么狗咬吕洞宾不识好人心？”

男人本来气恼的表情，这回更是青筋暴露，提高了嗓门骂道：“你这叫行善哪，你这叫作恶！”尽管村主任在中间赔着笑脸劝了这个劝那个，但男人还是把村会计给告了。孩子被派出所领来的人带走的时候，被关在柴草屋里的哑婆哭号得撕心裂肺……

从那以后，哑婆再没给过男人笑脸。村里也再不分给男人地种，理由是他一个月三千多块钱的工资用不着种地受累。这回男人倒没吱声，知道亏了村主任的人情。

之后的日子里，男人就在房前屋后不停地开荒种地、种树。十年后，男人用自己的钱，还有种的那些树给村里盖了一所小学。村主任这才又请他到家里喝酒。

男人是七十九岁那年死的，死在了屋后的树林里。村里帮忙把男人给埋了，男人留了一大笔钱给哑婆，村主任把哑婆接到自己家里。

但三年前，哑婆得了一次中风，一条腿不利索了，就被村主任送到了县里的光荣院来。

光荣院里，别人都是吃饱了就玩儿，可在乡下做惯了活儿的哑婆却闲不住。城里没柴火可捡，哑婆就整天拐着一条腿在光荣院旁的小区里转悠，大清早地把每个垃圾箱都翻个遍，把能卖钱的东西攒着，卖给收破烂儿的老头儿。好多人不理解这个有吃、有喝、有钱花的孤老婆子费这个闲劲干吗？物业上打扫卫生的清洁工更是把哑婆恨透了，因为那些能换个零花儿的废品本应该是她的。

这天，清洁工终于忍不住了，把正在垃圾箱旁翻找废品的哑婆堵住，唾沫星子飞溅地数落起来……

哑婆也手舞足蹈、咿咿呀呀地恼了……

单元楼里起得早的老头儿、老太太见势不妙，赶紧上来劝解。清洁工满脸不情愿地推着车走了，回头骂了句："老东西！"

哑婆似乎觉出了是在骂人，抡起手里的竹钩子投了过去，没投到人，倒是自己倒在了地上，把腰闪了。

哑婆腰好了以后，照样在小区的垃圾箱里翻找废品卖钱，物业上那个清洁工不干了。

一个星期后，换了一个年轻的小伙子来打扫卫生，哑婆还是照样在垃圾箱里翻找废品，不过却不卖钱了。哑婆把每天捡来的东西攒着，然后送给新来的小伙儿，让他去换钱。

因为小伙儿和哑婆一样，不会说话。

小伙儿有时候给哑婆从家里捎来几个苹果，有时候拿半块西瓜来。哑婆高兴得像个孩子。人们说这俩人倒像娘儿俩。

小伙儿还教哑婆认字，小伙儿上过学，在市里的聋哑学校。哑婆每天捡完了废品，认完了字，就拿着个马扎坐到小区门口看那些被爷爷奶奶、姥爷姥姥或保姆带看的小孩儿。那是一天当中哑婆最幸福的时光……

哑婆是在一天清早还没到饭点的时候，按响床头的呼叫器的……

在医院的急诊室，哑婆被抢救过来以后，气若游丝。哑婆抬起手一下一下地比画着什么，光荣院里的老人似乎有些明白了，哑婆要见那个打扫卫生的小伙儿。

小伙儿来了，看到哑婆的样子，眼睛哭得像个红桃子。哑婆从怀里掏出一个存折，向小伙儿比画，伏在床前的小伙儿就一字一句地往纸上写……

交代完毕，哑婆就安静地闭上了眼……

哑婆走后不久，小伙儿辞职不在那个小区打扫卫生了，小伙儿去了县城特教学校的食堂当伙夫。

哑婆捐给县城特教学校的钱，够学校盖一层楼房。学校给哑婆立了块功德碑。小伙儿没事儿的时候，常常守在那块镶着哑婆照片的功德碑前发呆……

也许有的人，来这一生，都是脆弱而多难的，或者她一生勤奋劳碌，却依然卑微平常，但她仍然对生命和生活心怀敬意，觉得她没来错这个世界，所以她宁愿把仅有的所有都捐献出去，就是让更多的人能够继续坚信世间的美好。

岁月从来不是神偷

每一个生命的降临，都是独一无二的，只是现实从来没有那么完美，岁月风雨无情，命运残酷也许渐渐偷走了我们诸多的柔软与纯真，但生命里总有些东西，是无论如何也偷不走的。

为了供两个孩子上学，老张从乡下来到城里开了个小餐馆。

老张不是厨师，但老张祖传的“农家席儿”做得绝对正宗。你还别说，一向吃腻了炒菜、火锅、海鲜的城里人，乍一吃这地道的农家口味儿还都一个劲儿地夸不错呢。眼看着生意越来越好，想想俩孩子一年两万多块钱的学费、生活费总算有了着落，老张心里说不出的高兴。于是，也像别人似的在餐馆靠门口位置的地方供了个财神像，保佑自己生意兴隆。

可是，不久后发生的一件事却让老张有些腻歪。因为老张放在财神像前的那几枚一元硬币总是隔三岔五地就不见了踪影。

起初，老张以为没准儿是哪个没素质的吃客顺手牵羊摸走了。可是几天之后，不但放在财神像前的那几枚硬币照丢不误，连厨房里也开始丢东西。邪门儿的是，值钱的东西倒没丢，却总是发现不是少了几个土豆、没了几个茄子，要不就是丢了几斤大米……

进了贼，看来是无疑的了，经过仔细查看，老张发现贼是从窗户里进来的。

因为餐馆很小，只有二十几平方米大，除了里屋隔开的灶间，外面招待客人的地方就只能靠墙放两排，共八张桌椅，所以晚上打了烊，老张只好到附近表姐家的阁楼居住。

尽管丢的都不是什么值钱的东西，但老张心里还是觉得堵得慌。于是，老张打算去派出所报案。

可是，表姐却说："还是算了吧，这点小事恐怕人家也不会管。没准儿是附近网吧里上网的小青年们半夜里饿了，出来踅摸吃的来给闹的……"表姐让他把门窗关好，多加点小心。老张租的这个小餐馆是个老房子，所以门窗都不太结实。老张去找房东商量。

房东说："要想装修，得你自己掏钱……"房东给老张算了算，里里外外要一万多块钱。

老张就有些犹豫了。

第二天早晨，老张来到店里，发现又进贼了。这回可气的是，他昨天晚上做好、准备第二天给客人上桌的四喜丸子竟然只剩下一个了，盘子旁边还扔着半棵大葱和喝了一半的"二锅头"。

老张终于受不了了，心想这"偷吃贼"也太嚣张了，就去派出所报了案。

派出所的民警小刘听老张这么一说，起初也觉得哭笑不得，但当老张说到这“偷吃贼”都祸害他一个多月了的时候，小刘的表情马上就严肃起来。

小刘一边听老张叙述，一边帮老张分析。

听着小刘的分析，老张的脸一阵比一阵难看，额头上的汗都下来了……

小刘说，这种有规律的盗窃和骚扰，绝对是有目的，并且背后肯定有人指使。

小刘说，去年马路对面的一家快餐店就因为经常发生这种事，不堪其扰被迫无奈搬走了。后来有人传言说是被旁边另外一家雇了几个街头小混混儿的饭馆恶意搞破坏给挤对走的。

听小刘这么说，老张马上就成了一张“苦瓜脸”，沮丧地说：“这可怎么办才好哇？要是没了这个小餐馆，我那俩孩子的学费、生活费可上哪儿去弄呀……”老张苦苦地央求民警小刘一定得帮他破这个案。

小刘拍着胸脯说：“大哥你放心，当官不为民做主，不如回家卖红薯……”当天晚上，民警小刘和老张就在餐馆附近埋伏好了。

半夜一点多钟的时候，果然有一个黑影出现在了小饭馆的窗户前，正用手在窗户上摸索着什么……

只见民警小刘说时迟、那时快，几个箭步冲过去，一下就把那个家伙给按住了，真不愧是正规警校的毕业生。老张也兴冲冲地赶上来，想看看这个祸害了自己一个多月的偷吃贼到底长什么模样。待小刘把那个家伙深埋下去的头一把揪起来，老张打亮灯光一照，老张傻了……

看着那张再熟悉不过的脸，老张又吃惊、又伤心：“怎么会是你？谁来偷，你也不能来偷哇……”

原来这祸害了老张一个多月的“偷吃贼”竟然是经常来餐馆里吃饭的

李三。

去年冬天老张餐馆才开张的时候，一天晚上他正准备打烊回表姐家的阁楼睡觉，没想到一出门口竟然看到一个流浪汉蜷缩在一边瑟瑟发抖。这个人就是李三。

老张看他可怜，就把他拉进了屋，把当天卖剩下的饭菜给李三热了一大碗。李三一边狼吞虎咽一边说他已经两天没吃东西了。

老张问他究竟因为什么事，怎么弄到了这种地步？李三的泪就下来了……

李三说他出来找媳妇的。媳妇六年前来广州打工，起初那几年还每年都回去一趟，可是最近两年一直都没回过家，只是到时候往家寄点儿钱，春节也不回去过。村里人就笑话李三说："你媳妇肯定是在外面做了别人二奶了……"

李三连羞带怕，就对村里人说："你们别胡咧咧，我媳妇是去给我们孩子挣钱上大学的。你们要不信，明儿我就去找我媳妇，叫她回来过年……"

李三来到广州找媳妇，可是打了第一个电话之后，就再也联系不上了，他媳妇突然就像人间蒸发了一样。

惊慌失措、焦头烂额的李三四处寻找，一个多月过去，身上的钱花光了，就成了流落街头的流浪汉。

李三说，他一定得找到媳妇把她带回去才行，要不自己没脸回村里。

听了李三的遭遇，老张很同情，不仅让他白吃了一个星期的饭，还让一个经常来餐馆吃饭的常客给他在附近一个小电子厂找了个临时工干。李三就这样一边打工，一边继续找媳妇。

可是前些日子那个小电子厂因为非法生产一批违禁电子产品被查封了，老板也吓跑了。李三不但没了工作，连吃饭的钱都没领到。

李三一直在老张餐馆里赊账吃饭，都赊了一个多月了。自己寻思着老张虽然表面上没有追着要账，可自己真是不好意思再这么赊下去了，所以这才……

民警小刘很麻利地给李三戴上了铐子，要带他去派出所。

老张尽管气得不行，但还是给拦下了，说："他也怪不容易的，又赶上了这么倒霉的事儿。再说我也没丢什么值钱的东西，事情既然弄清楚了，我看还是算了吧……"老张话还没说完，门口突然闯进来一个披头散发的女人……

刚才还一脸害臊，低着头扯衣角的李三，眼一下子就直了。

原来来的不是别人，正是李三的媳妇。

"你……你……"李三嘴里的"你怎么"还没说出来，李三媳妇愣了片刻，转身又跑了出去……

"我媳妇！我媳妇……"李三大声地叫喊着，民警小刘和老张也跟着追了出去……

却看见一辆警车紧急刹车，从上面冲下来几个全副武装的警察，一拥而上，把李三媳妇按到了地上。

一个月后，老张陪着李三去看守所探望李三媳妇，李三从里面出来以后已哭成了泪人。

原来，李三媳妇没像村里人流传的那样去给人当二奶，而是为了多给上学的孩子挣点钱，竟然去参与了一个利用身体藏毒的贩毒团伙。

老张叹口气安慰道："兄弟，也别太难过了，你媳妇也是一时糊涂。我也是为俩孩子都上学，花钱多才从家里出来的，知道当这样的爹妈有多不易。咱们都是一样的事。可是不管有多难，也得走正道才行啊……”李三泪流满面。

老张抱住李三的肩膀说：“兄弟，别难过了。打明儿起就在我那小饭馆儿正式干吧，管吃管住，一个月开你一千五百元的工资，孩子要是急用钱了，你还可以提前预支几个月的……”

李三扑通一下子跪到了老张面前，老张连忙把他搀扶起来：“兄弟，你看你，一把年纪了别这样……”李三哽咽着说：“张大哥，我想用你手机打个电话。”

李三拿过手机，拨通电话说：“娘，秀芹在这里挺好的，她在一个跨国的大家政服务公司上班，这阵子为了多给孩子们挣点钱出国到新加坡给人家当保姆去了，所以没跟家里联系。我在这里也找着工作了，我们想多挣点钱再回去……”

老张的眼里也泛起了泪花儿，心里却泛起阵阵暖意，这暖意将教他勇敢继续自己的平凡之路……

用爱把爱找回来

当我拥有你的时候，我从来希望那拥有是天长地久，根本没想过有一天要分离，就算是分离，我也只会希望是我自己不打扰地先走。可是当世界的无常，给了我重重一击，我不相信那是真的。

当所有的人告诉我，那就是真的，我唯有咽完所有的眼泪，一秒一秒地去相信。可是，就算你走了，我的爱却依然在。我努力用另一种方式把它找回来。

这天，幸福小区的张阿姨刚开门回家，衣服还没换好，门铃就响了。

张阿姨在门镜里一看，是个抱着一棵大白菜的老太太。脸生、不认识，于是就隔着防盗门问了句："你是谁呀？"

门外的老太太说是她楼上新搬来的，张阿姨以为有什么事就把门打开了。

只见那老太太上来笑呵呵地说："大妹子，你好，我是楼上新搬来的。以后咱可就是邻居了，有什么事咱得互相照应啊……”说着把那棵大白菜往张阿姨手里塞，“我在菜市场看这大白菜挺好的，就多买了两棵，一个人也吃不了，送你一棵吧。”

张阿姨忙客气地推让，但老太太却热情固执地坚持，把大白菜摁在张阿姨的怀里说：“以后咱们就是邻居了，老话儿说得好‘远亲不如近邻’嘛！处久了、处好了，咱就是一家子……”

没办法，张阿姨只好满口地说着谢，别别扭扭地把白菜收下了。

可是接下来的事却把张阿姨彻底给弄蒙了。

只见那老太太从裤兜里掏出一个小本子来，说要记一下张阿姨家里的电话。张阿姨笑着说：“咱楼上楼下的这么近，还记什么电话，有什么事上去、下来招呼一下不就行了吗？”

那老太太有些尴尬地苦笑说也是，就又跟张阿姨絮絮叨叨起来，问张阿姨有几个孩子，都在哪儿工作，竟然还向张阿姨问孩子们的手机号是多少。张阿姨一下子就烦了，心说这人怎么这样啊，你又不是居委会不是公安局，问得有点过头儿了吧，于是就含含糊糊地说自己也不知道。那老太太见张阿姨脸色难看，就说了句以后有什么事一定互相帮忙，不好意思地走了。

张阿姨刚把饭端到饭桌上，门铃又响了。

张阿姨心里气呼呼地说：“怎么这人还没完没了了！”

张阿姨在门镜里一看，心里的一块石头落了地，是对门儿的周阿姨，忙开了门。

周阿姨进了门，慌慌张张地说：“今天你家是不是来了个老太太？”张阿姨说：“你怎么知道？”

“那是不是还送你一棵大白菜？”周阿姨又问。张阿姨说：“是呀！这事儿你怎么知道？”

“哎，别提了，她也去我们家了。也是送了我一棵大白菜，不但问我要电话，还问我要孩子们的电话……”周阿姨说，“我觉得这个人怪怪的，肯定是有什么企图，现在骗子挺多的，我估计她这肯定是别有用心的，先用小恩小惠拉拢，跟咱们套近乎，以后肯定不是向咱们推销保险，要不就是推销药品、保健品什么的，咱可不能上她的当……”听得张阿姨心里直发毛。

于是，两个人商量好了，得多提防着她点儿，一有什么风吹草动，就互相通气，谁也不能上她的当。

可是接下来的日子，那老太太还是像往常一样三天两头儿地来找张阿姨，今天一把葱、明天两头蒜的，倒也没向她推销什么。张阿姨也送给那老太太一两回东西，她可不想欠她什么人情，回头儿真向自己推销些什么没用的东西。

这天，张阿姨和周阿姨两个人从外面买菜回来，看见单元楼前，一个夹着公文包的警察站在那老太太面前，而那老太太低着头，神色黯然……

没过一会儿，那警察就拉着那老太太的胳膊上了警车。

周阿姨说：“行了，这回行了，肯定是有人举报她了。不是乱推销，要不就是非法向什么人透露私人信息了……”

可是第二天，俩人竟然又在菜市场碰见那老太太买水果。

那老太太见了俩人，忙又像往常一样笑呵呵着热情地凑上来，往俩人手里一人塞了一个大苹果，还絮絮叨叨地说她买苹果最有经验了，这种苹果对老年人最好……

俩人忙佯装客气地推让，还是推让不过那老太太。推让过程中，周阿姨突然把那老太太从裤兜里不小心掉出来的一个东西踩在了脚下。

等那老太太走后，周阿姨忙把脚下的东西捡起来，俩人一看都傻了。

好家伙，原来那上面密密麻麻地记了好多家庭信息，简直比户口本还清楚：门牌号、电话、子女单位、手机号，还有哪个老头儿、老太太有什么心脏病、高血压之类的……甚至还有是不是丧偶、有没有雇保姆之类。

周阿姨说："这回没跑儿了，她肯定是按摸清来的信息，然后好'对症下药'，骗咱们这些老太太、老头儿们的钱，不是推销保险、保健品，当医托儿，要不就是甚至给孤寡老头儿们介绍老伴儿骗钱也说不准……"

张阿姨疑惑地说："可这半年，也没见她干过这些事呀？"

"那要不她就是向那些骗子团伙出卖这些信息，获取报酬。出了事，她就一躲没事了。那天警察肯定没发现她这证据，所以又把她放了。不行，咱得把这个交到派出所去。"

两个人商量好了，中午吃了饭就去。

可是中午，那老太太就又来找张阿姨了，要问张阿姨借五千块钱，说一个亲戚病了，手术费不太够。张阿姨一下子提高了警惕：该来的终于来了。

张阿姨只好装出不好意思的样子，谎说自己家里也没那么多现金，自己的工资折前阵子儿子拿去办贷款用了。

那老太太一听这个，就失望地走了。

没过五分钟门铃又响了，周阿姨神情紧张地闯进门来，慌慌张张地说："她找我借钱去了，来找你没……"

两个人一致认定，看来她这回是要出手了，肯定找的不光是咱两个人，那些心眼儿善、脑子糊涂的人肯定会上她的当，把钱借给她。俩人饭都没顾得吃就跑到附近的派出所报案。

接待她们的正是那天把那老太太带走的那个警察。于是俩人就你一句、我一句地说开了，叫警察赶紧去抓她。没想到，那警察竟然哈哈大笑起来……

“不可能，阿姨，李妈妈不是那种人……”

警察说那老太太是他原来战友的妈妈，这回肯定又是遇上什么事了，于是打了一个电话，然后开着车带着俩人去了一家医院。

张阿姨和周阿姨跟着警察来到医院的一间病房，只见那老太太正在给躺在病床上的一个年纪更大的老太太喂饭。

原来这个老太太是个烈属，他儿子原来在刑警队工作，在一次执行任务中不幸牺牲了，老伴儿早年走得早，一个女儿在国外上学，剩下她一个人孤独生活，成了“空巢”老人。在城里又没什么亲戚，所以就只能和一些“空巢”老人多来往，才不那么寂寞。并且她还是个特别热心的人，有好几个“空巢”老人突发疾病，都是她发现给打的120、第一时间通知病人的孩子们……后来，她觉得这事挺有必要，可自己年龄大了记性不好，所以就弄了个小本子记录一些老人的家庭信息，以备急时所需，特别是对那些“空巢”老人，她还每天晚上或清晨定时打电话，一发现异常情况，就及时行动。现在躺在病床上的这个老大姐就是她原来住的小区的，可惜现在他们那个小区拆迁了。公安局就给她安排到了幸福小区来住……

可是她的老习惯并没有改。至于那天警察去找她，其实那天是她儿子的忌日，刑警队的队友们打算陪她一起去给儿子扫墓，她心里难过，又因为公安局这么兴师动众地安排给儿子扫墓，感觉有些过意不去。

张阿姨和周阿姨两个人又脸红、又感动，忙把那个小本子还给了李妈妈，紧握着她的手说：“以后像咱们这样的‘空巢’老人就应该亲如一家，搭把手、不孤独……”

病房里的人们都露出了温暖的笑容……

幸福是爱的影子

假若你的不幸是上帝的疏忽，那么请让我来帮你完整，因为你的笑是这个世界不可或缺的一枚拼图。

小蔡大学毕业后在市区一家医院见习。小蔡的专业有些特殊，感冒、头疼脑热的你找她没用，因为她是一个心理医生。这种诊室在一个三级医院，说句实在话只不过是个摆设，所以小蔡每天并没有太忙的工作，尽管岗位不那么重要，但小蔡还是每天准时上班下班，因为她想：要是连自己都觉得不重要，那别人就会以为你待的地方和做的事就更不重要了。

可是这天下午她却迟到了。因为小蔡在经过市中心广场的时候，看到了一对奇怪的父子：一个中年男人领着一个七八岁大的小男孩儿，看穿着打扮应是从乡下来的，他们正在向过往的路人行乞。起初小蔡并没有注意到，因为她正戴着耳塞听音乐，只是当那个小男孩儿端着一个破搪瓷缸走到她面前的时候，她才被突兀地吓了一大跳。那个小男孩儿样子很可怕，他长了一张“怪脸”。

小男孩儿的左脸几乎整个都长满了粗黑浓密的毛发，被吓了一跳的小蔡惊魂稍定之后，忙从兜里掏出了两元钱迅速地放进小男孩儿举着的破搪瓷缸里。中年男人上前来冲小蔡低了一下头很郑重地说了声：“谢谢好心人！”好奇的小蔡瞅着小男孩儿的一张怪脸发呆，小男孩儿忙躲到了中年男人身后。

中年男人说，孩子得了这个怪病没钱医治，也是被迫无奈，所以这才出来要钱。说着他指了指小男孩儿的脸又说道：“其实他当初出生的时候，只是左脸有点黑而已，可是自从两岁多起就越来越严重了，家里一直很穷……”小蔡听得不禁有些难过，所以又从兜里掏出十元钱来递给了中年男人，然后匆匆赶去单位上班。

来到医院，打扫好了诊室里的卫生，坐到座位上的小蔡眼前老是晃着那个怪脸小男孩儿的身影。正发呆，邻屋皮肤科的同事小叶过来倒开水，小蔡就把她刚才在路上碰到的事给小叶说了，并向她打听这会是什么病。听了小蔡的描述之后，小叶也说不准到底是什么病症，说只有见了本人，做了检查之后才能下结论。小蔡就说要不下了班你跟我去看看吧，反正我感觉怪怪的。

没想到，还没等到下班，小叶就来找小蔡，说：“我把这事给我们主任说了，他觉得这事也有点新鲜，想去看看。”于是小蔡就领着小叶，还有皮肤科的主任一块儿去了市中心广场。

半个小时后，那对父子被带回了医院。经过一番检查之后，初步判断这是一种罕见的“基因返祖变异”现象。皮肤科的主任王杰这两年正在从事疑难皮肤病的研究，去年还出国学习了半年。他对这对父子说，他想尝试着为孩子做一下手术，如果理想的话，应该能治好。

听大夫这么说，男人高兴坏了，但转而脸又阴沉了下去，为难地说：“不知道做手术要花多少钱？我们家里实在太穷了，没多少钱……”原来这个小男孩儿叫方爱东，今年八岁，母亲是一位中度智障女人，已走失四年了，到现在仍杳无音信。男人说自己没工作、没手艺，只靠家里的几亩薄田勉强度日，可是去年，乡里搞开发，把地给占了，所以这才不得不跑到城里来每天靠去街道上的生活垃圾里刨拾破烂过生活。

王主任就问：“占了你们的地应该有土地补偿费呀？”男人说：“有是有，不过都花光了，因为三个月前孩子的爷爷才在市一院做了心脏搭桥手术……”

唉！真是“幸福的家庭都是相似的，不幸的家庭却各有各的不幸”呀！人们都不禁发出感叹，同情起这对可怜的父子来。王主任有些犹豫，但他很想做这个手术，因为如果做成功了，那将是一项科研成果。于是他就说：“我去找院长问问看能不能把这次手术当一次试验，让医院减免手术费……”没想到男人扑通一下给王主任跪下了，流着泪说：“那真是太感谢您了……”

王主任慌张地赶紧把男人扶起来，说我这就去找院长，叫他在屋里等消息。一刻钟以后，王主任回来了，脸色很平静。他说，院长同意减免手术费和住院费，但是药费还得由患者家属自己承担。男人紧张地问：“那得需要多少钱呀？”王主任沉思了片刻说：“大概得一万元吧。”

男人面露难色。王主任安慰他说：“我能帮你做到的也只有这些了，要不你回家找一下亲戚朋友借一下。我觉得这个手术还是很有必要做的，毕竟孩子还这么小，将来还要上学、就业、成家……那是一辈子的事，应该给孩子一次机会。”

男人说：“那好吧，我回去想办法。”

三天后，男人风尘仆仆地赶回来了，却只拿来了三千块钱。王主任也没办法，就说先给孩子治着吧，咱们再慢慢想办法。小爱东开始做各种各样的检查，人们都充满着一份沉甸甸的期待，然而检查的结果却让所有的人心痛，八岁的孩子体重只有不到 15 公斤，而正常值应该是在 20 公斤到 30 公斤的范围。无疑，这样的体质是不适于手术的。必须得给孩子先加强营养，达到手术的要求条件才能手术。

接下来的日子，小爱东开始按营养师的安排在医院里加强营养，爱东的爸爸又三天两头地回家筹钱。而在小爱东住院的这些日子里，王主任还有了另外一个重要的发现，那就是小爱东患有很严重的自闭症，人们不难猜测这样一个孩子肯定是长期被当作一个“另类”看待，没有小伙伴愿意跟他一起玩，甚至捉弄欺负他，又长期缺少母爱。所以小爱东的手术除了营养良好的健康体质条件之外，他的心理健康水平也很关键。

小蔡自告奋勇接了这个任务。小爱东开始接受双重治疗，可就在人们都紧紧张张地为小爱东的手术精心准备时，一个让谁也没想到的意外却发生了：小爱东的爸爸失踪了。

这下可把王主任给急坏了，护士说前两天我催他交药费和营养费，他说回家取钱，可是就再没回来。王主任赶紧派人去了乡下小爱东的家。小爱东的爷爷说儿子这些日子没回来呀，不是一直在医院吗？

所有的人都慌了。这个男人怎么这样啊，就算借不到钱也不能跑呀！真是太不负责任了。知道了情况的院长也很生气，把王主任好好地训了一顿。人们也都憋着一肚子的气，对小爱东的态度也冷漠下来。

正在给小爱东做心理治疗的小蔡因为小爱东父亲失踪的事很紧张，因为她和小爱东的沟通刚刚建立起来。看着小爱东被护士们冷眼相待，小蔡心里说不出的难过。

但一番苦苦的思索之后，她做了一个让所有人吃惊的决定：她要把这个孩子接到自己家里进行心理治疗。小蔡平静而认真地对王主任说："咱们不能半途而废，毕竟孩子是无辜的……"王主任很为小蔡的善良和勇敢所感动，说："钱的事我再想想别的办法……"第二天，市电台的记者来到小蔡家里。于是从这天后，小爱东开始收到来自各行各业的捐款。

可更让所有人惊叹的是，一天市一院的电话突然打到了三院皮肤科，原来小爱东的爸爸在那里为一个尿毒症患者捐了一个肾，因为家属答应给他一万块钱的酬劳。

接电话的王主任手有些抖："这老哥呀，真是……"

半个月后，当记者跟踪采访到小蔡家里时，光着脚丫在干净的床上玩着变形金刚的小爱东一脸灿烂的笑容，已与一个月前镜头前那张恐慌茫然到无助、让人心疼的面孔已判若两人。

当记者把镜头对准小蔡让她说两句时，小蔡说："我之所以把小爱东接到家里，是因为有了亲情的关怀，他才会好得更快。他虽然得了怪病，但他同样和别的孩子一样有权利拥有自己美好的一生……"

在这个世界上，"幸福的家庭都是相似的，不幸的家庭却各有各的不幸"。然而当这种不幸遇到一份朴实、勇敢的爱的时候，那么这无法预料的不幸就会变成意料之外的幸运与幸福了。原来，幸福就跟在爱的身后……

善良的心上开着不败的花朵

面对世界，我们都是弱小的；可是我们加起来，就可以无比强大，强大到面对一路风雪，都有勇气继续走下去。

三年前，马卫军是市区街道环卫处的一个临时清洁工。一天早上，他像往常一样拿好工具、推上三轮车去扫街道，可是扫到半截的时候，突然发现路边储蓄所的自动取款机前蜷缩着一个流浪汉。马卫军上前看了看，又把两个手指伸向流浪汉的额头，吓得一下子缩了回来。

“烧得这么厉害！”马卫军惊呼道。如果不管他，肯定得惨死在大街上。想到这里，马卫军二话没说，撂下扫帚把流浪汉抱到了三轮车上，送去了社区卫生院。

才早上五点，急诊室的大夫还睡觉呢。是马卫军砸了半天门才把大夫叫起来的。可是一看是个又脏又臭的流浪汉，有些厌恶，马卫军好说歹说大夫才给打了退烧针。马卫军就一直蹲在急诊室外的长条椅旁守到天亮，因为护士嫌流浪汉太脏，没给安排病床，说等他白天醒了，洗好澡、换好衣服再给安排。

早上七点，流浪汉从长条椅上迷迷糊糊地爬了起来，开始满嘴的胡言乱语，马卫军摸了摸他的额头："不烧了呀，怎么还……"

过了好一阵子，马卫军才发觉原来这是一个精神病患者，马卫军的心不禁有些疼。

马卫军的大哥也是个精神病患者，七年前，从家里走失后，就一直没有下落。马卫军当初从家里出来四处寻找，在省城找了这个临时清洁工的工作，就是为了能有更多机会寻找失踪的哥哥。想到这里马卫军不假思索地从兜里掏出准备今天上午给上大学的儿子寄去的六百块钱要求医生给流浪汉做一下检查。所幸，流浪汉得的只是一般的流行感冒，医生给开了几包药就把他们打发走了。马卫军带着流浪汉在医院附近的一个早点铺吃了两屉包子，用三轮车把流浪汉载回了他在一个废品收购站旁边每月只需交 120 元钱的那间十平方米大的出租屋，用洗衣服的大塑料盆给流浪汉洗了澡，换上了自己的一身衣服。从那天起，人们开始看到一个五十来岁的临时清洁工带着一个嘴里不停地胡言乱语、四十岁左右的"傻子"在街上打扫卫生。

因为多了一个人吃饭，马卫军的日子一下子比以前更加捉襟见肘起来。这天废品收购站的老板娘不免担心地问马卫军："你就打算这么一直养着他？"马卫军苦笑着说道："要不还有什么办法，总不能看着他饿死、病死吧？"幸好这天，街道办的张大妈来卖废报纸，听说这事以后，很为马卫军的善举感动。恰逢这阵子区里正在搞创建文明社区活动，于是张大妈就把这事反映了上去。没想到报社、电台的记者竟然都来了，扛着长枪短炮大张旗鼓地做了采访。马卫军一下子成了“新闻人物”。

紧接着民政局还送来了米、面、油、衣服鞋帽，并且要把流浪汉接到区里的福利院去。

可那流浪汉竟然死死地抱着马卫军的腿，死活都不肯上车。见此状况，马卫军苦笑着说：“要不还是先让他跟我过吧……”

于是民政局表示每月给马卫军700块钱的救助金，让他暂时代管流浪汉的生活。可是没有想到两个星期后，流浪汉的家属竟然找上门来。

说是看了电台的节目以后知道的。流浪汉的妻子儿女，感激地流着泪紧抓住马卫军的手说不完的“谢”。家属要给马卫军5万块钱作为酬谢。马卫军说什么也不肯要，但家属死活要他留下。原来，这流浪汉叫周丙昌，本是一个小企业的老板，因为两年前被人骗了一大笔钱，几乎血本无归，正因为这才一时别扭得了精神病，走失了。现在案子终于破了，钱也追了回来。如今，虽然他病了，但好在人总算是找着了。把人送走以后，过了一个星期，马卫军把那5万块钱按照记下的地址寄还给了周丙昌。马卫军还是那个普普通通的清洁工，城市每天发生的事五花八门，人们很快就把他忘了，他自己也把这事忘了。

可是第二年的夏天，一个西装革履的人开着车来找马卫军，让他怎么也不敢相信，眼前的这个人竟然就是当初的那个满嘴胡言乱语的流浪汉周丙昌。

周丙昌上前来就一把抱住马卫军热泪横流地叫着：“好大哥，好大哥……”他已经康复了。周丙昌请马卫军到市区最好的大饭店去吃饭，席间拿出一张银行卡，说这里面有8万块钱，是感谢马卫军的。

马卫军生气地说：“大兄弟，你看你这是干啥，我要是图你的钱，当时我连认识你都不认识你，我会管你、先前你老婆给的那5万块钱我已经退回给你……”

两个人就像亲兄弟一样聊起了家常，当得知马卫军现在一个月才挣1000多块钱，还要供儿子上大学时，周丙昌就说：“这8万块钱你要是不收，你就先拿去做点什么吧，比如做个小买卖什么的，总比这里强。这钱就算是我借给你的，不要利息……”

就这样，马卫军回到镇上开办了一个小型纸箱加工厂。他开的这厂子，一不用交税、二不用纳捐，并且每年还会从政府部门得到十几万的扶持基金。

马卫军开的是一家福利性企业，专收一些残疾人来做工，为这些人解决了生存问题，让他们实现了自立，给他们的家庭和社会都减轻了负担。

厂子办起来以后，马卫军一下子成了闻名乡里的“马大善人”，县电视台还专门做了一期专访，民政部门也给了一些救助资金，来自社会各界的捐助也纷至沓来。当然，送到厂子的残疾人也越来越多，许多流浪汉也被派出所或民政部门送到了这里。厂子似乎越来越不像厂子，倒像个社会福利院了。

可是这年秋天发生的一件事，却把马卫军推到了舆论的风口浪尖上。

因为一位刚被送来不久的流浪汉因病重被送到医院，却不想死在了医院里。没想到事后半个多月，县里的贴吧里竟然贴出了一个十分恶毒的帖子，说那个被送到医院的流浪汉根本就不是病死的，而是被人偷摘了肾脏。

一时间，全城哗然。马卫军一下子成了以收容流浪残疾人员为名而暗地里倒卖人体器官的“黑心恶人”。

无奈流浪汉的尸体早已火化，无从查起，倒是陷入舆论旋涡的马卫军再也没心思干下去了，于是开始一个一个地做工作，想把那些有家有户的残疾人先送回家。可是好多人都不愿意走，有的甚至还说“宁肯不要工钱，只要给口饭吃就行。”因为没人相信马卫军是坏人。

可是“贴吧”里传得一天比一天热闹，有人说他这是沽名钓誉，甚至有人说他这是靠收容残疾人的名义聚敛钱财……

马卫军决定说什么也要把厂子关掉，他受不了这种打击。马卫军先打算把厂子卖掉，把钱还给周丙昌兄弟，然后自己还是去城里打工，也继续寻找自己的大哥。可是这天，一辆警车开到了厂子里。

马卫军吓坏了。

可是等车上的人下来后，马卫军惊呆了。

车上下来的人竟然是周丙昌，还有自己失散多年的大哥。

原来，这几年，周丙昌一直在不停地想各种办法帮马卫军寻找大哥。而公安局的人告诉马卫军“贴吧”上疯传的案子也破了，原来那个发帖子的人是镇政府一个小干部，为了泄私愤胡乱编造的。

马卫军这才明白怎么回事。

前阵子，这个人来到马卫军的厂子，让马卫军给报销两千块钱的条子，说:“公家给你拨了那么多钱，还有那么多捐助，你用不着心疼，过后我们给你再送几个残废、流浪人来，你不就又能领到几份救助了吗？”

马卫军听了，像吃了苍蝇一样恶心，就不耐烦地说钱是国家给这些残疾流浪人生活用的，就没给他报。

没想到他就这样怀恨在心了，发了那个帖子……

公安局的领导说，那个人现在已经被拘留了，并且官方还会在贴吧里澄清事实，还马卫军一个清白，也给这世上所有善良的人和善良的心一份信任与鼓励。周丙昌紧握着马卫军的手说：“哥，人在做，天在看。自有公道。咱不怕。我这次来，一是把大哥送来，二是我现在也决定跟你一起干，把慈善做下去，咱们一起寻找更多善良的心……”

马卫军紧紧地抱着大哥，泪落如雨。

每一份恩情都让你相信，人间有爱

当我深陷黑暗，是你为我点亮了一烛温暖的光；当我满目风雪，是你拉起了我的小手，叫我能够继续勇敢前行。

而当春去我长大，秋来你变老，我愿为你余生开满阳光，因为那是你曾种在我心里的一棵叫作恩情的树。

县里为支持教育发展，给二中的老师筹建了一个教职工之家生活小区，小区房子的价格低于商品房三百多块钱每平方米。老师们都高兴坏了，每天工作之余就是议论自家的装修设计。独有语文老师杨卫军不参与其中，在自己的办公桌上默默地批改着作业。

其实杨卫军也不是不想住大房子，而是他不想离学校太远。因为住在学校的老职工家属院里方便照顾一个人，尽管这个人和他非亲非故。

这事还得从 20 多年前说起，那时候还在上初中的杨卫军家里似乎很有钱，穿着同学们见都没见过的名牌衣服，常常吃着五花八门的零食，并且还有掌上游戏机。因为杨卫军的爸妈早早地就去了南方打工，杨卫军在学校里也成了众人瞩目的“富家公子”，他自己也很得意，每天在学校里耀武扬威的，被人们奉为“大哥”。

可是事情却在一年秋天发生了天翻地覆的改变，杨卫军的父母因为涉嫌贩毒被双双关进了监狱，这一爆炸性新闻在很短的时间内像风一样在街道上传得沸沸扬扬，当然也传进了学校。似乎一夜之间，同学们都开始拿那种怪异的眼神看杨卫军，而那些平时和他称兄道弟、每天向他蹭吃蹭喝的好哥们儿也开始躲着他了。人人都知道了他是一个毒贩的儿子。

同学们背后的议论、朋友的疏远让杨卫军陷入了巨大的失落痛苦之中，就连老师们也开始把他当作一个另类来看待。本来就游手好闲、不怎么爱学习的杨卫军这回更彻底地自暴自弃了，常常逃课到街上的游戏厅、录像室瞎混。上了年纪的爷爷、奶奶根本就管不了他。

这年夏天，从乡镇中学调来一个新老师，分到了杨卫军他们班教语文。这个姓李的女老师三十多岁，很严厉，同学们都很怕她。第一次作文课，杨卫军就被点名站到了讲台上挨批，因为他没交作文。

杨卫军可不吃这一套，他几乎和每个老师都顶过嘴。可是这次没有，因为他不知道该怎么顶，李老师布置的作文题目是“我的爸爸妈妈”。李老师严肃地责令杨卫军三天后补交作文。

但三天后，他还是没交。李老师火了，要停杨卫军的课，并且要把家长叫到学校里来。杨卫军狠狠地瞪了她一眼，跑出了教室。

可是，没想到傍晚的时候，李老师竟然来到了杨卫军的家里，一脸愧疚地向杨卫军道了歉，说都怪自己事先不了解情况。当杨卫军听到李老师那声很认真地说出的“对不起”时，脸一阵阵火辣辣地发烫……

李老师认真地说这次作文不用交了，希望他明天能按时到学校去上课。

第二天来到学校，上语文早自习，没想到李老师在来查早读的时候，竟然当着全班同学的面向他道了歉，并且向同学们说：“我们不能因为哪个同学在学校以外的什么原因歧视和孤立他、疏远他，这是不对的，也是不公平的。只要来到这间教室，我们就是平等的。只要我们有勇气面对挫折和困难，谁都可以证明自己是一个优秀的学生……”

杨卫军一直低着头，眼里滚着热热的泪……

从那天起，李老师开始每天放学后给杨卫军补课，不光补语文，连数学、外语都给他补，杨卫军很佩服李老师的全才全能，更感激李老师给他的这份鼓励和温暖。半年后，杨卫军的学习成绩有了很大进步，并且有一篇作文在一次全国作文竞赛中得了二等奖，文章还被发表在了当时一个很有名的中学生杂志上。杨卫军被李老师提名当了语文科代表。

高考的时候，杨卫军报考了本地的师范专科学校。

大学毕业后，杨卫军本来可以分配到待遇更好的一中，但他还是要求回到二中。因为杨卫军了解到，李老师自从没了丈夫，女儿又出国以后，一直一个人过得很苦。

六年前，李老师突发脑出血，一病不起，而女儿已定居国外，不能常年回来照顾，李老师这种情况也办不了签证，所以杨卫军两口子就毫不犹豫地担负起照顾李老师的责任。杨卫军的做法感动了许多人。记者来采访的时候，看见杨卫军一家四口住在只有七十多平方米的老房子里，很是拥挤，但李老师却住在那间阳面的宽敞卧室里，收拾得分外干净，而杨卫军上初中的儿子却常年睡在客厅的沙发上。

面对镜头，杨卫军没说过多的话，他只是看上去很害羞地说：“因为老师当年待我如子，所以现在我必须待老师如母……”

滴水之恩，当涌泉相报，这就是一个人做人最基本的节操，也是对恩情最基本的尊重。

世俗坚硬的外壳被五角钱打破

是这世界太多的谎言让我不再轻信，是生活太多的欺骗让我不再轻易付出真心。可是，我却也因此错怪了那么多原本朴实的温暖，但你却终于又一次让我相信，人间暖色都藏在最纯粹的眼光里。

由于工作的关系，我从县里调到市里。每个星期五下午下班后，我都要从市区坐五点半的那趟火车回小城和家人团聚，共度周末。每当这个时候，我都是归心似箭。

可是这天火车却意外地晚点了，要40分钟以后才到站，天又下着雪，这倒霉的天气，真是让人沮丧。焦躁不安的我在候车室里坐不住，便走到广场上去抽烟。这时，一个五六十岁、衣衫褴褛的老男人走到我跟前，面无表情地向我举了举手中的搪瓷缸。我不耐烦地呵斥他道:“一边儿待着去！”

这种人我在车站广场见多了，都是些“职业乞丐”，说不定他要够了钱，就回到暖气开得十足的旅馆喝酒、吃肉。再说，就算是真的，我正烦得够呛，也没心情发“善心”。

老男人并不恼，仍不走，木桩一样站在我面前，固执地向我举着他那个装了几角零票、让人心里犯堵的破搪瓷缸。我知道这是他们惯用的伎俩，就是把你腻歪得不耐烦了，掏出几块钱赶紧打发他走。

我才不上他的当，如果那样岂不是对自己“智商”和“阅历”的侮辱。我只好逃似的躲到一旁，好让他对我死心，索性去寻找下一个“猎物”。他果然没有再死乞白赖地缠我，却也没像我想象的那样继续向其他路人索乞，而是坐到广场的台阶上低着头沉闷起来，显然是受了我“看破他”的打击。

正当我为自己没上他的当而有些庆幸的时候，不料却发现他从身后的黑布包里掏出一把破旧的二胡搁在膝上嘶嘶哑哑地拉起来，而那个破搪瓷缸被他端端正正地摆在脚前。

我不禁哑然失笑：嚯！一招不济，这又改成江湖卖艺了。不过，他拉得实在是曲不成调，断断续续的反倒让人有些耳厌。广场上来来往往的人行色匆匆，似乎没人去理会他。这个时候，雪也越下越大，依然坐在台阶上的他蓬乱的头发和胡子都白了，鼻孔也淌出浊黄的鼻涕……

正当我苦笑着想要离开时，却发现一个背书包、八九岁模样的小男孩儿从他身边经过，好奇地驻足片刻，然后拉开书包从铅笔盒里取出了似乎仅有的一张五角票、捋平，蹲下身子双手放进了老男人脚前的那个破搪瓷缸中，起身走了。

我看见老男人脸上的表情有些动容，这让我心里的感觉也有些怪怪的。

背书包的小男孩儿渐渐走远了，突然，那老男人竟站起身来大声呼喊起那孩子来。老男人从他那破搪瓷缸中摸出了两块钱，在旁边烤白薯的摊儿买了块热气腾腾的烤白薯，疾走几步追上小男孩儿递给他说：“娃，天冷，拿着吃吧。”

那一刻，我的脸腾的一下红了……

02

第二辑

良心，是盛开在世间最美的花朵

趋利避害是人的本能，没有人喜欢天生吃亏，然而君子求财，取之有道，唯道恒其久远。道在心中，德在身上；勿以恶小而为之，勿以善小而不为，人心良善，信得久远，暖着别人，也暖着自己，才有天长地久，生生不息。那些盛开的良心，总会被人记住，也被更多的人普及。

良心，是盛开在世间最美的花朵

有些人，为了利益扮上假面，欺骗良善，真相暴露，让太多的人寒心，于是他们不敢再轻易相信；然而，总有一些“傻人”看不得老弱危急，他们还是愿意伸出援助之手，只因为内心里开着柔软善良的花朵。

所以，请给他们的信任献上一份尊重，让他们有勇气继续坚持下去。

这天下午，大川刚送完了一批货，蹬着空三轮车返回到服装批发市场门口，正准备继续等活儿，突然看见前面不远处围了一大圈的人，不知在看什么热闹。

大川走过去，拨开人群，挤到里面，看见一个老妇满脸是血地躺在地上，痛苦地呻吟着……

人们七嘴八舌地议论着：有的人悲叹老太太可怜、有的人骂肇事者，可就是没人上前帮忙。大川看得心里很不是滋味儿，忙俯下身去问：“大娘，您伤着哪儿啦？”老妇动了动嘴唇，却没说出什么来。

大川连忙抱起老人，围观的人们这时候倒是很机灵，忙闪开了一条通道，大川抱着老人来到自己的三轮车前，把老人轻轻地放到车里，然后急忙向附近的一家医院蹬去。

一个多小时的包扎抢救过后，大川在病床前向老人问清了家里人的电话。

半个小时后，一男一女慌慌张张地跑到了医院里来，说是老人的儿子、女儿，对大川说了一番千恩万谢的话。

但十几分钟后他们从病房里出来，却怒气冲冲地上来就对大川一阵拳打脚踢……

被吓坏了的大川一边躲闪、一边着急地说：“你们这是干吗呀？我好心把你们老人送来，你们还……”

“打的就是你！撞了人还冒充好人……”那个男人的拳头又挥了上来，“我妈说了，人就是你撞的。如果不想蹲监狱的话就赶紧拿钱给我妈看病，要不我们就报警，公安局里我们可有人……”

大川被他们逼迫着从银行里取了6000块钱，交到男人手里，然而更可气的是他们还要大川在医院里伺候老人，直到老人康复为止，临走时还扬言：要是老人有个好歹，小心他的小命儿……

大川捂着被打肿的脸冤得直想哭，但是又无可奈何，一个进城来打工的外乡人，无亲无故、无依无靠，真是叫天天不应、叫地地不灵啊……

满心委屈的大川只好给老家打去电话。

两天后，大川娘领着孙子从乡下赶来了。大川娘来到病房里对躺在床上的老太太说：“老姐姐，咱活大半辈子了，做人可要讲良心……”同屋的病人和家属们看着大川娘一声一句的苦诉，也低声地议论。

躺在病床上的老太太用被子蒙着头一言不发。

“老姐姐，你既然不想说实话，那你就在这里安心养病，让大川伺候你。我就不信这老天爷不能还好人一个清白……”

第二天，大川娘就托人用一个旧纸箱写清了事情经过，然后带着孙子跪到了服装市场门口……

观看的人围了一拨儿又一拨儿，人们看着跪在地上被烈日烤得嘴唇干裂却仍然一脸坚定的祖孙俩，纷纷摇头叹息。市场里做生意的小老板们，有的好心把几瓶矿泉水放在了他们面前，可就是没人出来做证。

直到第三天中午，大川娘终于挺不住，中了暑躺倒在了市场门口，被吓坏的孩子撕心裂肺地哭起来……

终于有三个人肯出来做证了。

大川娘一纸诉状把那对子女告到了法院。

法庭上，大川娘说：“法官大人，我告的不是一个人，而是一个道理，一个人的良心。不然这世上还有人敢再做好事帮助人吗？……”

站在被告席上的那对子女的脸青一阵、白一阵，正要努力地转换表情开口回辩，这时候，法庭的门突然开了，一个护士推着一个坐轮椅的人走了进来。

轮椅上坐着的正是被撞的老太太。

那对子女忙上前来，小声地说：“妈，不是说好了不用你来了吗？这里由我们来对付……”

没想到老太太把眼一瞪，指着那对子女的脸说：“你们还有脸说‘对付’

人家！一开始我是怕你们花了钱，回到家又给我脸色看，才只好听了你们的，昧着良心冤枉了人家小伙子。可是人家小伙子还是像对待‘亲娘’一样的在医院里替我端屎端尿伺候我，你们倒好，从让人家交了钱后，就再没见过你们的人影。现在医院里的人天天骂我‘老不要脸’，我想我这样死得就快了，你们再也不用怕我拖累你们了，但我不能把这坏良心的事带进棺材……”

坐在轮椅上的老太太眼睛红肿、声音哽咽，手抖抖索索地从兜里摸出来一张银行卡抬头望着大川一脸愧疚地说：“对不起了！孩子。这些日子让你受委屈了。这上面是我死去的老伴儿7000多块钱的遗属补助，你拿着吧……”

当一份良善遇到另一份良善，这温暖会开出美丽的花来。这美丽的花，会让我们相信世界总有美存在。

只为一份善良，守到你有一天到来

我平凡，但我不平庸；我卑微，但我绝不会卑贱。我是无名之辈，但绝不会做无义之事。

我特别喜欢去单位附近的一个小早点铺吃早餐，那里的老豆腐味儿出奇的好、正宗，像是祖传。

因为常去，一来二去和卖老豆腐那对老夫妇混熟了。有时候忘记带零钱了，就留到下一次一块儿算。这天早上，我去了找好位置坐下后，抬头看见原来单位的一个同事也在，便叫过来一块儿吃。

吃完了结账，两碗10元钱。我一掏兜，竟全是50元、100元的。那老汉一看，就随口说道:“下次再说吧。”朋友忙掏钱过来，被我阻拦了。“找吧、找吧。”我极力地把那50元钱举到那老汉的面前。老汉麻利地从兜里抽出四张10元的递到我手里，我连看都没看就直接塞兜里了。

可是等我上班前去单位附近的那家小超市买烟时，从那四张 10 元当中抽出一张递给人家，老板仔细瞅了瞅说道：“麻烦您再换一张吧。”我便明白怎么回事了，接过那张钱仔细一看，果真是张假的。

坐在单位里，整个上午我都郁闷得不行。不只是为那 10 元钱，而是感觉自己被愚弄和欺骗了。这么熟，怎么可以这样？女同事小李听了我的抱怨，笑着说道：“王哥，不懂了吧！这叫‘杀熟’，有些人就是专拣熟人‘宰’，因为熟人都有麻痹思想，最容易上当受骗……”听了这话，我像吃了苍蝇一样腻歪，发誓再不去吃了。

两个星期后，那家小铺竟然关门了。

我心里暗自解气：像他这样开店，早就该关门！可是一个月后，陪母亲去县医院检查身体，刚走出医院大门，突然听到身后有人叫我。回头一看，竟是那卖老豆腐的老两口。

老汉搀着老妇走上前来。“这么长时间没看见你了呀！”老汉笑了笑说道。我心说，你也知道哇！这辈子都不想再见你了。

“对了！有个事儿。你最后一次在我那里吃饭，我找给了你一张 10 元的假钱。”老汉一脸不好意思地向我说道。

“啊？”我故意惊讶了一下，“是吗？这事儿我早忘了。”

“那回不是你一个人，是你和另外一个人。你们吃了 10 元钱的，你给我一张 50 元的，我找给了你四张 10 元的，可那里面有一张是假的。你走了老远我才想起来。那张 10 元的假钱是我老伴收的，递到我手里时，我才看清楚。当时我还骂了她几句。那 10 元钱我没往钱盒子里放，而是随手塞进了裤兜里。人多一忙就忘了，可巧你那天早上又拿了张 50 元的，本来想让你下次再算，那天有你朋友，你执意要算，钱盒子里没有整票，我就顺手从裤兜里掏。等你走出去老远，我才想起来。本来以为下次你再来的时候还你 10 元钱，可你却一直没来。今儿总算碰上了……”说着，老汉从兜里摸出好几张 10 元的来，挑了一张最新的，双手递到我面前。

“其实也不怪我老伴儿，不该骂她。那阵子不是收假钱就是找错钱，起初还以为是年岁大了，眼花，最近一查才知道是得了白内障，说得做手术……”

老汉说，他们老两口年岁大了，老伴儿又得了这个病，不打算再干下去了，要回乡下老家了。还说如果我还想吃老豆腐，就去城东一个叫同仁居的小餐馆，他把他的手艺传给了他的一个侄儿。

我说：“一定去，一定去！”

我想，我除了去尝尝那得了老汉真传的徒弟做的老豆腐正宗不正宗，还要品品他的操守品行是不是也能如这老汉……

我没有学会假面的笑，只会以诚待人

这世间就是一场大戏，全部都是演员，只不过有人演着笑意的虚假，有人演着纯粹的自己。

小城的街口有两个鱼摊儿，卖鱼的都是女人：一个少、一个老，一个风情而又漂亮、一个木讷平常。

风情而又漂亮的少妇摊儿前总是人来人往，木讷平常的老妪摊儿前总是冷冷清清。

风情而又漂亮的少妇不仅人长得好看，并且会笑，笑起来美艳如花、甜如蜜糖，见有主顾上来，先浮上一片微红，再轻启朱唇，不管是叫“先生”“小姐”，还是叫“大哥”“老妹”，都喊得极为亲切，紧跟着一句：“您要几条哇？”手随着就伸进了鱼盆，让你都不好意思说“只要一条”。

少妇眼欢手快，麻溜儿地就给你称好了，秤总是给得分外高，块儿八毛的小零儿一律舍去不要，不得不叫你觉着占了很大的便宜，心里欢喜。碰上个绅士点儿的也报以暖笑，来声“谢谢”。

风情而又漂亮的少妇每天晚出摊儿，早收摊儿，鱼盆里的鱼卖得连鱼鳞都不剩一片，赚得个盆满钵满。

当然来买少妇的鱼的大都是开车来的男人或坐车来的女人，并且以“才俊青年”居多。

木讷平常的老妪人长得苍老，脸上如丘陵般的皱纹似乎笑不动了一样。主顾来了，人家要多少便给称多少，要买小的绝不会给你捞大的，上下总差不了一二两。慢吞吞地给你捞鱼、装袋、上称、看斤两、算账、找零儿，要是碰上着慌赶路的急性子，真是后脖颈能急出白毛汗来。

木讷平常的老妪每天都是来得早、走得迟，鱼盆里总是要剩几条回去。

当然来买老妪鱼的多是这邻近街上住的提了菜篮子出来遛弯儿、顺路买菜的老头儿、老太太。

工商的来了，少妇照例是笑脸儿迎着，手早就伸进了鱼盆摸向最大的那条，扯过一只干净的袋子，利索地把鱼顺进去、扎好口，说一声：“大水库新进的，新鲜！回去烧了好吃再来。”

但待人走远了，转脸就会骂：“这帮王八羔子，就会穿了公家发的一身老虎皮出来到处搜刮……”

而老妪，则是先皱起沧桑的眉头，而后无奈地把手慢吞吞地伸进那只薄薄的塑料钱袋，摸出一张崭新地整票儿来，双手恭敬地递到大盖儿帽下那张严肃的脸面前，接过那张印着醒目红戳儿的单子长吁短叹。

城管的来了，少妇不惊不惧，推上车转一圈儿又回来了；老妇手忙脚乱地收拾，慌忙逃走，再不见踪影。

我是不喜吃鱼之人，因为小时候被鱼刺卡过，从此便生下隐惧，但无奈老婆孩子吃鱼没够，只好上街买来、做好，哄他们欢喜。

但我是绝不会买那风情而又漂亮少妇的鱼的。

因为一开始买过她一回鱼，回到家后从双层塑料袋里倒出大半碗水来，能有半斤多。有些恼，怎么可以这样坑人？本想回去找她理论，但却被老婆拽住了胳膊："还是算了吧！人家卖鱼的十个有九个是靠卖水赚钱的，再说你一个大老爷们儿找一个年轻女人去理论，能有什么结果？"

我便垂头耷耳地偃旗息鼓了，我是惧内之人，当然明晓这其中的深浅。但心里总像是吃了苍蝇一样别扭难受，只好决计今后，再不买她的鱼作罢。这也是一种"胜利"，只不过是一个人的胜利罢了，却丝毫不会影响人家少妇的生意，天下买她鱼的又不会缺我一个。

我不是开得或坐得车的商贾贵胄，做不来潇洒大方，没有被糊弄却毫不在意的胸襟，只好入了这斤斤计较的市井之流，和一帮老头儿、老太太为伍，照顾那老妪的生意了。

但有时候还是对老妪的死板心感不爽，也对她的辛苦可怜报以同情。有一天，我开玩笑地说："何不学学人家？"

老妪叹口气道："做不来的，心里有坎儿……"

就说起了当年老伴儿走街串乡卖鱼，也是为了多赚几个钱，耍起了秤杆儿，结果有一次让人家当街撅了秤杆儿，把两筐鱼扣在了大队部，差人来叫她去领人。她去了好说歹说，左攀亲、右攀友地向人家求情，才算了事。

赔两筐鱼事小，丢人事大。

老头儿从此再不敢动秤卖东西。

八月十五那天，小城的街口突然不见了那风情而又漂亮的卖鱼妇，独剩下老妪一人。真是怪事，这大好的节日，她本该是要大赚一把的，怎么却偏偏没有来呢？

心里纳闷儿，忍不住问老妪，老妪慢吞吞地说："昨天有一个东北女人来买鱼，买了不少，好像是开饭店的，提走了鱼，没一会儿就回来了，身后还跟了几个高大的壮汉，光着膀子、文着青身，二话没说就把鱼摊儿给砸了。那小媳妇当然也不怵阵，打电话叫来了人，仗就打热闹了……听说住了院，还经了官司……"

看那老妪说话的表情似乎没有丝毫的幸灾乐祸，言语之间倒是透着同情。

这些日子，街口卖鱼的只剩下老妪一人，当然是早早就会卖光，但仍没从她脸上看到笑容，然而人们却清晰地发现，她的背影是那么从容，和以前并没有分别。

良知是永不失效的密码

这是一个充满密码的世界，人们希望用密码保护自己的一切，然而一切密码不过是一种遮掩，唯有良知是永不失效的密码。

这天，建成的邻居周立从城里打工回来了，红光满面，一脸的喜悦。

周立在大门口外跟人们唠嗑儿，说自己在城里买了楼房，人们都称赞周立能干，在城里挣了大钱。站在一旁傻呵呵笑着的建成冷不丁地问了一句："你在城里真能挣那么多钱呀？"

周立回头看了看建成，也笑了，一脸骄傲地大声说："那是！你要去城里干几年，也照样能盖上楼房，娶上媳妇。"

建成一听这个，喜笑颜开，转身跑回家。

建成跟父母说自己要跟周立去城里打工挣钱，父母听了以后，一脸的惊讶、担心，直到去问了周立才知道怎么回事。周立一脸羞愧地说都怪自己，不该跟建成开玩笑，自己那楼房其实只是交了 10 万块钱的首付。

建成长这么大还没出过远门，甚至连十几里外的镇上都很少去过。建成智力有点问题，是个早产儿，虽然说不上傻，但二十七了，大概只有十二三岁的智力。建成的父母担心建成去城里打工，到时候钱挣不到，再受欺负、出点意外什么的，那就得不偿失了，所以就叫周立去劝劝建成别跟他出去打工了。

可是不管周立好说歹说，建成就是一根筋，说什么也要跟着周立去城里打工，还说自己也要买楼房、娶媳妇。结果谁也劝不动，建成就像头拉不回来的牛。

建成父母实在没办法了，只好拜托周立带建成去城里玩两天，到时候就谎称没给他找着工作，再把他送回来。

一直怪自己不该跟建成开玩笑的周立，也无计可施，只好答应。这天，周立领着建成在路边等进城的长途客车，可是等来的长途客车坐满了人，实在挤不上去了。后来两个人就拦了一辆过路的小货车，坐到了车厢里。建成还挺高兴，因为省了三十块钱。

建成坐在车厢里跟周立有说有笑，畅想着进城之后挣大钱的梦想。突然小货车来了个紧急刹车，两个人措手不及地被甩到车厢上，浑身被撞得酸痛，好在头没伤着，等两个人爬起身来，正要埋怨司机，突然看见一辆小轿车翻进了路边的沟里。“坏了，出车祸了！”周立惊呼道。货车司机在车里骂道：“怎么开的车，大清早的就喝醉了吗？……”这时，只见翻进沟的轿车里伸出一只胳膊努力地做着求救的姿势。

建成二话没说就跳下小货车，向轿车跑过去打算救人，周立也跟着跳了下来。没想到货车司机一下子拦住他俩，急吼吼地叫道：“你们想干吗？有病啊！他自己乱开车，左晃右晃的。你们想充好人我不管，但我警告你们，别说是坐的我的车……”

建成被说得有点愣，挠着头皮说：“哎，我说你这人怎么这么说话，怎么能见死不救呢？”“救、救，你救吧你个傻子，小心讹上你。”那司机说完，跳上车一踩油门走了。这时轿车里又钻出一个满脸是血的脑袋，张口艰难地说道：“小兄弟、小兄弟，帮帮忙、帮帮忙……”

建成和周立两个人慌忙地冲下沟去，好不容易把车里的两个人救了出来。那个司机好像伤还轻点，那个上年纪的像个老板模样的人脸上全是血，真是吓人。建成和周立一人背了一个，连忙从沟里往路上跑。建成背的是那个伤重的老板，只见那个趴在建成背上的老板一边说着谢谢，一边急促地喘着气央求道：“小伙子、小伙子，别背我，打电话、打电话……”

可是慌忙背着人往路上跑的建成心想这人肯定是撞蒙了，不管他说什么，只顾一个劲儿地往路上跑，一边喘着大气说：“你别着急，我们截个车把你送医院去。”

建成和周立把受伤的两个人从沟里背到路上，然后焦急地拦截着过往的车辆，可是好多过路车根本不停。建成不禁骂道：“这些人怎么这么缺德，怎么都见死不救呢？”周立在一旁劝慰道：“可能人家也有急事，或者怕把车弄脏了吧。”建成一看这样可不行，干脆冲到路中央，终于把一辆三轮货车拦下，把人背上了车厢，催促着司机赶紧送往最近的医院。

这时，躺在建成怀里的老板眼神越来越模糊了，只见他拼着力气从衣兜里掏出一个小皮夹放到建成的手里，艰难地说着：“1989……362……”很快晕了过去。

人送到医院后，老板被推进了手术室，那个司机伤势不重，只是些皮外伤，扎着绷带，一脸苦相地坐在手术室外。建成就问:“你们这到底是咋回事呀？”那司机叹口气说:“唉，别提了，都开了一天一夜了，盹儿都没打一个，这不有急事吗？要没急事，谁这么开呀。怪我倒霉。谢谢你救了我们，没什么事你们也赶紧办你们的事去吧。”

“嘿！你这人怎么这样？救了你们的命，你冷冰冰的两句话就这么把人打发了，真不会办事儿。”建成说着，脸色不禁难看起来。周立连忙过来拉他说:“建成，人也送医院来了，我们走吧。”建成恼怒地瞅着那个司机，那司机竟然也阴下脸来说:“怎么，还想要点报酬哇，实话告诉你们，我们老板还欠一屁股债呢，给不了你们什么钱……”

一听这个，建成心里的火儿更大了，真想上去揍这个忘恩负义的人一顿，强忍了忍说:“合着你以为我们救人就是为要钱哪，你长的这是什么心？你要非这样说，我们还不走了呢，我们要等他家属来，总要对他们家人有个交代，说清怎么回事。”那司机懒得理他，就躲到一旁拿起手机打电话。不一会儿，一个年轻女孩儿跑来，哭喊着要往手术室里冲，被护士们拦下，女孩儿一脸泪水地冲到那司机面前责问:“小刘，你怎么开的车，看你伤倒不重，怎么把我爸弄成这样……”

“我也不想这样啊，这不是有急事吗？老板非要我9点前赶到工地，说要赶不到就要出大事了，我这都快开了一天一夜的车了……”司机哭丧着脸委屈地解释。这时，医生从手术室里出来了，惋惜地说:“本来车祸并没太大损伤，只是有几处骨折，可能是救人的人急于救人，不懂急救知识，结果造成了肋骨刺穿了心包和肺室，我们已经尽力了，能不能恢复过来，就看他的运气了……”

“谁送我爸来的？”年轻女孩儿问那司机，那司机指了指建成，建成还乐呵呵地凑上前去，想要个“谢谢”，结果足足实实地挨了那女孩儿响亮的一个耳光。

“你个农民，乡下猪，你逞什么能啊，你会救人吗你就瞎折腾，要是我爸有个三长两短，我叫你赔命……”冷不丁被重重扇了一耳光的建成一下子蒙了，捂着火辣辣的脸一头的雾水：“我救了你爸爸，你不但不感谢，怎么还反咬一口？”这时，医生和护士们赶紧过来劝阻，说救人者也是好心。建成只好沮丧地跟着周立走了。救人当好人，没想平白无故还挨了一耳光，建成窝了一肚子火，周立在一旁只好劝说：“以后多长个心眼儿吧，城里跟乡下不一样。”

周立带建成去了一个建筑工地，他想叫建成在这里待两天，然后叫工头告诉他没活儿给他干，然后再把建成送回家。建成在工棚里闲得实在难受，就脱下脏衣服准备洗，这时，从兜里掏出一个东西来，心里不觉一惊，这东西就是当初他救的那个老板塞到他手里的皮夹。建成急了，连忙要往外跑，想着得赶紧给人家送到医院去，要不那老板醒了，找不着东西肯定着急。

可是建成刚跑出工地，来到街上，一下子傻傻地停住了，看着车水马龙的大街一头雾水，因为他根本不认路。

建成又连忙回工地去找周立。周立接过皮夹来一看，笑着说：“兄弟，这是一张银行卡呀，这回你发财了。”建成没见过银行卡，懵懂地问：“这不就张硬纸片吗，发什么财，它值钱？”周立苦笑道：“这是存钱用的，里面说不准有好多钱呢？”

建成脸一下子紧张起来：“那不行啊，那这里面要有很多钱，我得赶紧还给人家呀，要不人家多着急呀。”“你傻呀，你忘了那女的扇了你一耳光啦。这样没良心的人，你还给她干什么。”建成一听这个，不自觉地捂了捂自己的脸，好像又疼了一下，想起那个打他的女人确实可恶又可恨。

可是人家的东西不还给人家，心里总觉得有些别扭。周立就说：“东西你先拿着，如果她能想方设法找到你，说明这里面有很多钱，如果不来找你，说明也没多少钱，人家不会在乎。”建成被说得有些迷糊，也只好先不去了。

第二天，建成又去找包工头问分给他什么活儿，包工头拉着个长脸道：“干什么干，我们都半年没发工资了，今天是罢工，不给他们点颜色看看，他们当我们农民工是傻子。”工地上的一群人在包工头的带领下浩浩荡荡地来到当地市政府上访，很快就造成了交通堵塞，好多保安和公安都上来维持秩序。不大工夫，来了一辆车，说是开发商老板来了，人们一听这个，又一齐拥向那辆车。

这时，只见从车里下来一个年轻女人，她神情悲切地向大家解释着，劝大家回工地，说一周内一定会把工资发给大家，只是父亲意外身亡，希望大家能理解。但人们不听她那一套，一个劲儿地嚷着什么时候发钱什么时候才回工地。这时，建成突然眼前一亮，这女的不正是昨天在医院里的那个女的吗？那个老板的女儿。

建成拼命地挤过人群，一把抓住了那个年轻女人，那年轻女人吓了一跳，连忙挣扎躲闪，以为建成要揍她，但建成很快从兜里掏出那个皮夹急促地说道：“你爹的，你爹的东西……”年轻女人一愣，接过皮夹，打开一看，惊呼一声:“师傅们，请听我说，这是我爸留下的银行卡，里面有钱，请大家先回工地，今天下午就给大伙儿发钱……”

人们一听见这个安静了，包工头一声令下，人们都撤了。

年轻女人来到建成面前，脸红着小声地向建成道歉，说当时自己太冲动，请建成原谅。建成也有些不好意思起来，年轻女人又问建成她爸爸除了给他银行卡，还说了什么没有。建成模模糊糊地想起当初那老板说的几个数字，但又记不太清，只语无伦次地说出了 1、9、8、9 四个数字。那年轻女人一听，脸上一喜说道:“好，我知道了，谢谢你。”

原来银行卡的密码是她的生日。年轻女人,塞给建成两千块钱,表示感谢，但没想建成就是不肯要，一脸认真地说:“我还没干活儿呢，不能领钱，等我干活儿了,你再发给我钱吧。”周立在一旁小声地嘀咕:“傻子,真是个傻子！”

这时，只见年轻女人笑着说:“好，下午，我就给你安排工作。”

建成笑了，还是那副傻呵呵的样子……

也许，在这个没有什么技术不存在漏洞的世界，唯有心怀着良知，才是对世界秩序永远的维护。

你以为的利诱，永远赢不了全世界

人们向来为利益趋之若鹜，然而当你破坏了规矩，你将什么也得不到。

这天，学校门口突然不见了修鞋匠老闫。

人们都有些毛躁了。

因为小城一大半人的鞋都是拿到他这里来修。原因很简单：老闫修鞋不但手艺好、价格公道，人还热情。

一个星期之后，学校门口的修鞋摊儿终于又摆出来了。不过不是人们盼望中的老闫，而是换了一个年轻的鞋匠。

年轻鞋匠看上去三十出头儿的样子，文质彬彬的。

人们纷纷摇头：不像修鞋的。

一连几天，年轻人都没生意，脸上满是沮丧、焦躁。不过三天后的一个早上，鞋摊儿前竖起的一个用纸箱板做的牌子吸引了人们的眼球：一律五角！

中午的时候,年轻人的鞋摊儿前总算有了几双鞋子。别说,这办法还真灵!几天下来，年轻人的生意越来越好了。待修的鞋子像小山一样堆在鞋摊儿前，甚至有人把不打算再穿的鞋子也拿了来让年轻人“修”，反正不就五角钱吗?

更让大伙儿满意的是，年轻人的手艺和原来在这儿摆摊儿修鞋、令人们念念不忘的老闫一样好。人们开始点头、开始欣慰，并且高兴。

可是好景不长，这年轻鞋匠有一天也突然不见了。

人们纳闷儿、着急。

“好好的生意怎么就不做了呢?就算一律五角，一天有个百十双，也有得赚哪!”

风声终于传到人们的耳朵里，原来年轻人在一次收摊儿回家的路上被揍了，住进了医院。

在这条路上，有好几个修鞋摊儿。尽管以前就数老闫的生意好，但那几个摊儿同样也有生意做，而这年轻人一来，那“一律五角”的招牌把这个局给搅了。

“肯定是那几个人合伙儿把新来的年轻鞋匠给揍了。”人们互相点头，一准儿就是这么回事儿。

三天后，学校门口的鞋摊儿终于还是摆出来了，只是没有了那块“一律五角”的牌子。并且来的不只年轻人，还有老闫。

“小马是我徒弟。手艺大家都应该知道了，就是初来乍到的有些事不太懂，烦劳大家以后多照顾。”老闫对来修鞋的常客们一一介绍说，他那和和气气、语重心长的样子，像是在向大家拜托自己的孩子。“这孩子也挺不容易的，原来卖过服装、开过饭店、跑过大车，这不前年出了点事儿吗，腿脚不大灵便了，才找我学了这算不上什么手艺的活计……”

“老闫，你怎么不修啦？”

“我老了，有些干不动了。再一个我老娘前些日子‘栓’（脑血栓）住了，跟前儿需要人侍候……”

老闫跟徒弟一块儿出了三天摊儿，最后一天临走的时候对年轻鞋匠说：“孩子，好好干！这活儿虽然一辈子也发不了财，但也能保你养家糊口。再一个，不管这事儿你打算不打算干长远、不管你将来干什么，千万记住师傅一句话：人一辈子活在这世上，能保你一辈子的东西不多。但有一样可以，那就是不管你遇到什么事、遇到什么人，都要有一颗平常的心……”

愿你想着别人，打开海阔天空

人人都希望自己可以占据一方山水，或者一寸之地，获得自己想要的东西，然而这不是一个可以决然独立的世界。当你想着别人，诚心地沟通，各退一步，就会是双赢的、彼此的海阔天空。

为了供两个孩子上学，四嫂从乡下来到城里租了一间临街的门市开饼店。四嫂的饼，面好油多，实惠好吃，生意红火。但夏天实在受罪，又热又累。四嫂就把电饼铛搬到了屋外门口处，四嫂凉快了许多，可是这天早上四嫂却腻歪得够呛。

四嫂正风风火火地在饼铛子里上下翻着饼，突然就有一股脏水从天而降，着着实实地泼在了油汪汪的饼铛子里，抬头一看，原来水是从门市上面二楼住户北阳台的排水口流出来的，又惊又气的四嫂禁不住骂了句："谁这么缺德，我这张饼这不就全毁了吗？"谁想话刚落地，紧接又有一股脏水从那排水口里倾注出来。四嫂恼了，把翻饼的木棍哐的一声摔在饼铛子上：“这么缺德！还让不让人活啦？”正在外面餐桌上吃早餐的顾客们一看这个光景，也马上提高了警惕，瞪圆了眼珠子正反两面、来来回回地瞅着自己手里正吃着的饼，看看是不是也是被泼了脏水后烙出来的。有的干脆就把饼往盘子里一扔，径直走人了。四嫂刚从乡下来，知道城里人不好惹，不敢上楼去理论。

接下来的日子里，尽管四嫂总是小心翼翼、认认真真地把饼烙得比以前更好，当然也更干净，但生意还是一天不如一天。四嫂连气带愁，终于有一天病倒了。

年迈的婆婆从乡下赶来照料，听四嫂一把鼻涕一把泪地说清了事情的缘由，婆婆说：“妮子，这算个啥事儿，你瞧你这个胆儿，你上楼去问问还能被吃了！”婆婆转身走了。不一会儿，婆婆迈着细碎的步子乐呵呵地回来了：“行了，甭发愁了，事儿办妥了。”一句话把四嫂给惊得满眼里都是疑惑……

原来门市上的二楼住的是一个孕妇，正在“闹口”，闻见什么味儿都难受。可是每天开窗透气，闻的却是四嫂烙饼的油烟味儿。起初不过是想给四嫂个警示，谁知，竟然遭了四嫂的骂，所以后来的泼水就有些存心的意思了。婆婆说，自己去了楼上给人家说了四嫂的情况，供两个孩子上学也不容易才来城里干起这个小生意。只是大意了，并没有考虑楼上楼下各方面的周全，就算烙饼的油烟熏不到人家屋里，也把人家的窗户、纱窗什么的熏油腻了；况且，四嫂还不计后果地骂了人家。

四嫂按照婆婆的意思定做了一个支架篷子，每天烙饼前就把篷子支好，最大限度地不让油烟飘到楼上去。楼上的脏水就再也没有泼溅下来过。

世事就是如此，做人做事不能只想着自己，也不能先入为主地把别人往坏处想，多站在别人的角度，替他人想一想，也许就没有那么多误解，也没那么多相互伤害，这不是退让，而是能够实现双赢的海阔天空。

一念之善，也许就是一生的幸运

如果你一不小心犯下的“恶”，有着另外一层解释，请你不要再犯第二次；如果你心中始终怀着善，那么请你一直坚持，也许它就会帮你重新找回自己，并且会得到幸运的奖赏。

于晴在一家大型超市上班，最近几天超市搞夜场促销，每天都要很晚才能下班回家。回家的路要经过一片待拆迁的旧城区，连路灯都没有了，为了安全起见，于晴决定开车上下班，恰好这几天哥哥出差到外地，车在家闲着，于是她就开起了哥哥的车。这天晚上十一点多，于晴开车经过那片无灯区，突然觉得车身有些晃，忙把车熄了火下车检查，原来车胎扎了，自己又不会换备胎，干脆勉强开回去算了。可是刚要上车，却突然被一团浓重的酒气围住，一胖一瘦两个醉汉坏笑着上前来对于晴拉拉扯扯：“美女，怎么？车胎扎了呀，哥帮你换上备胎呀，不过你得陪哥快活快活……”于晴慌乱地躲闪挣扎，想掏出手机报警，可手机却一下子被那个胖子打掉了，于晴慌忙大叫，那瘦子从侧面扑过来捂住了她的嘴……

于晴拼命地挣扎，害怕得要命，心想这下完了，突然却听那瘦子惨叫一声倒了下去。一个身材魁梧的民工大哥模样的人拿着一块砖头站在面前，两个流氓一看这个，拿出刀子向民工大哥冲过去，民工大哥一边连忙躲闪和两个流氓周旋一边大喊让于晴赶紧跑。于晴忙拾起手机报警，一边大喊："我报警了！我报警了……"就是想把两个流氓吓跑，毕竟他们都带着凶器，怕那个好心的民工大哥不敌两个流氓而受伤。果真两个流氓一听这个，赶紧跑了，于晴清楚地看见那位民工大哥脸上被流氓划了一刀，正往外流血。于晴忙招呼他上车送他去医院，民工大哥苦笑了下说："没事，就一点皮外伤，不用上医院，你还是赶紧回家吧。"说完转身就走进浓浓的夜色。

于晴没想到竟然还有这样见义勇为、做好事不留名的好人，正感慨着，警车到了，于晴简单做了笔录，110 的警察也感叹："你能碰上这样的好心人真是幸运。"

这件事，一直在于晴的脑际萦回，念念不忘，妈妈也说，得找到这个好心大哥，向人家表示谢意，现在太缺少这样的好心人了。于是于晴就发微信描述了事件过程，还恳求网友们扩散消息，帮她寻找"好心大哥"，自己一定当面致谢，还说了一些"好心大哥"身材相貌的特征，当然也说了"好心大哥"被流氓划伤了脸的特征。网上好多人点赞，并把于晴的微信分享到朋友圈。于晴心想，不久，一定会找到这位好心大哥的。

可没想到，第二天，警察却找上门来，表情严肃地向于晴询问她遇到"好心大哥"的经历、地点、时间。警察给于晴看了照片，说这个人是警方目前正在寻找的“绑架勒索犯”，目前他涉嫌绑架了一名六岁的男孩儿。于晴一头的雾水，这怎么可能，可是照片清清楚楚。于晴甚至天真地问警察，他别是有什么双胞胎兄弟吧。警方苦笑。

果真，没过几个小时，警方就根据于晴提供的信息，在待拆迁的旧城区附近抓获了那位叫周强的好心大哥。还真是他，于晴心里很不是滋味，同时，她怎么也想不通那个见义勇为、舍命救她的和“绑架嫌犯”是同一个人。哥哥出差回来，知道了这件事，职业的敏感让他觉得其中必有缘由。于晴的哥哥是一个知名的律师，于是他去找警方了解情况。

哥哥回来后把事情的真相说了一下，一家人不由得连连叹息。哥哥最后说自己决定免费做周强的辩护律师。

案子不久开庭。周强在被审判席上一直低着头，沉默得像一座山。原来，周强是因为一时糊涂才犯下大错。周强在一家建筑公司打工，可是最近七岁的儿子被诊断出先天性心脏病，医生建议尽早手术，要不孩子随时会有生命危险。高额的手术费对周强这样一个民工来说实在是个大难题，于是他向各位工友、老乡求助，可是恰巧赶上老板最近资金周转也遇上困难，都好几个月没发工资了。所以，工友老乡也没钱借给周强，于是有人就帮周强出了个主意，叫周强出面去找老板要工资，只要能要来，就都借给周强。于是，周强三番五次去找老板要钱，办公室、饭店，甚至找到了老板的家里，结果老板烦透他了，认为他这是在跟他“耍刺儿头”，不但没解决工资问题，还叫保安揍了周强一顿。

一边是随时都会死的儿子，一边是耍赖皮耍横的老板，周强一时冲动绑架了老板的儿子。可是，当他把老板的儿子带到那片待拆迁的废墟里藏起来的时候，却又后悔了，因为老板的儿子只跟自己的儿子差一岁，当孩子天真地问他这是要带他去哪儿的时候，周强心里一下子就软了。这孩子，原来，他去老板家帮忙装修的时候见过几次，还跟他玩得挺开心。其实，这次，也是他拿玩具把他从小区里哄出来的，根本没有强行伤害孩子，孩子根本还没意识到自己是在遭遇绑架。周强还花光了身上的零钱为孩子买食品。那天晚上，是孩子太冷了，他出来找御寒的东西，怕孩子生病，恰好碰到于晴被两个流氓骚扰。

于晴的哥哥在最后的辩护中说，一切行为表示周强只是个无知的善良人，他本心并没有想做坏事，希望法庭能从轻判罚。法庭问周强还有什么话说，周强此时流了一脸懊悔的泪，只说了句："我谢谢于律师……"然后就再也说不出一句话了。审判长正要宣布休庭，没想到两个老太太从旁听席上站了起来，都请求能不能说两句。

两个老人报了身份之后，每人说了几句。先是于晴的妈妈说："法官大人，我相信周强不是坏人，他要是坏人，他也不会舍命斗流氓，救我闺女，别说他是坏人，他要只是个冷漠的陌生人，那晚我闺女就被流氓给祸害了……"另一位大妈竟然是老板的母亲，被绑架的孩子的奶奶："法官，小周这人我见过几次，说心里话，我觉得他真不是那种坏人，这回做了错事，也是情有可原，我这么大岁数了，知道为人父母的心是怎样的，小周他儿子等着钱做手术，没钱就会死，谁能眼看着自己的孩子死呢？他这回做这错事也是被逼无奈，说句良心话，也是我那儿子心太硬了，他遇到的只是资金困难，可小周遇到的是人命的困难哪，我认为就算我儿子再困难，至少应该伸手帮一把，所以这事，我觉得我们也是有责任的。最关键的是你知道我那孙子回来说了什么吗？他说，叔叔的钱全给他买了好吃的，他自己一口也不吃，都一整天没看见他吃东西了……”

周强突然号啕大哭，整个法庭久久回荡着周强的哭声……

周强最终被轻判，周强的老板，还有于晴一家，还有好多的好心人捐了钱把周强的儿子送进了省城最好的医院。

这世间，总是有无奈之下的逼迫，犯下错误；这世间，也总有人对你的善，心怀感激。所以，请你别失望，请你要相信！

恒久之美永远是朴素的

你平凡，甚至卑微，但你身体里一直生长着朴素的倔强，这朴素是一种大美。

小区楼下每天都会传来那断断续续、熟悉的吆喝声“有破烂的来卖”。

这吆喝声，虽然不像老北京胡同里的吆喝那么讲究，成了一门艺术，倒也能听出来一番民俗小调儿的味道。最关键是这吆喝声丝毫不会让你觉得是扰民的噪声，不像某些小商小贩弄个电子喇叭，录上音，一劳永逸地机械化播放，听着让人头疼。其实他也应该不是买不起这种廉价的初级电子玩意儿，只是他也许固守着他的某种情愫，或许这吆喝声也是一种交流，更或者是一种依赖：吆喝一声不孤独……

他七十多岁了，头发、胡子都全白了，骑着他那辆人力三轮车改装成的电动三轮车收东西，手里那杆老秤油光溜滑，像是陪了他一辈子似的。

人们都愿意把东西卖给他，一来是相熟，二来是他从来不在秤上做手脚，有时倒出现他愿多给几毛凑个整儿、卖家也推说不要、互相执让的局面。这份依赖说容易其实也容易，说难也难，关键在人心。

那天，听到他惯常的吆喝声，我把积攒的一些旧书报、旧酒瓶收拾到楼下储藏室卖给他，有一句、没一句地和他唠闲嗑儿："大爷，你要打算干到什么时候哇？你现在都七十多岁了，应该在家享享清福了……"

他苦笑一句："就是闲不住的命，闲下来倒要生出病来。"

"你这岁数，孩子们都成家立业了的，养你应该是没问题的吧？"我说。

他低头往蛇皮袋子里收拾着东西，慢吞吞地说："没孩子，家里就有一个老伴。"

我心里一惊，也羞于自己先入为主的冒昧。倒是他的淡然给了我一丝心安，也许不管他有着什么样的人生困顿、缺憾，到了他这一把年纪，所经历的人生风雨也许早已让他有足够宽阔的胸怀明彻了这一切。

"那像你这样的情况，完全可以去养老院哪。让村里出个证明，再到民政局申请一下，应该是没问题的。"我出于一份人之常情的善意告知他，怕他是真的不知道。

他却说："还不想去呢，自己还能动弹，就不用去麻烦国家吧。等哪一天实在动不了的时候，再去麻烦国家，心里坦然，再说还有老伴在，两个人在家里过，心里觉着踏实……"

"不麻烦国家，"多好的一句话！这样一个身份、一个年纪、一个状况的人能有这样的一份胸襟，是多么让人觉着温暖，生出敬佩。

哪怕我苍老到弯腰驼背，但仍能直立着精神

是生命让我对这世界怀着柔软，也是生命叫我不断坚强，哪怕现实把我撕得遍体鳞伤，我依然会用坚定的眼神，看着这个世界微笑。

富达街是小城最繁荣的商业街，各种商铺林林总总，进货、发货都离不了搬运。但这年头儿，已很少有人再做这种粗笨的活计，一是辛苦，二是实在没多少工钱可赚。所以这商业街上只剩下老闫一个搬运工，老闫通常是坐在街口门牌楼的大石狮子旁边等活儿，因为进进出出的车辆都要经过这里，谁要是有货物搬，很方便地随口一叫他就行。

老闫的搬运工具是一辆废旧钢筋焊接而成的平板车，容易装卸，也能拉好多货物，用老闫的话说："你别小瞧我这样子不济的板车，多到可以拉两千斤货。"两千斤！天啊，那就是一吨，而且要靠老闫的一己体力来拉。不过他还真是让人相信，因为他身材魁伟健硕、膀大腰圆，一顿能吃三屉小笼包。

老闫今年47岁，在富达街寒来暑往、风雨无阻地做了28年搬运工。我问老闫怎么没想过去干别的什么活计，老闫很平静地说："小时候家里穷，孩子多，没上过学，没文化，脑子笨，也没学会什么技术，所以只好做这个。"

说这话的时候，老闫没有丝毫的羞怯自卑，反倒笑得自然乐观。

我问老闫拉活儿的收入如何，老闫说，多的时候会有100多块钱，少的时候十几块钱，不定准儿，但总算勉强能够两个孩子一年的学费、生活费，大女儿上大学、小女儿上高中。不过最近两年感觉有些吃紧，一是好多店铺已开始在网上订购货物，走快递公司；二是物价升高，而他好几年都不曾涨工钱，因为都是相熟的人，况且这街上也就只他一个搬运工，不好开口涨这个价。老闫拉货论包裹或箱子的数量，无论大小、斤两，一个三块钱，他不计较，雇家儿也不计较。这份彼此的相互需要和依赖让他们二十几年相处和谐。

街上很少有人知道老闫是县里的五届、市里的两届人大代表，因为那和他们看起来毫不相干，但大伙都知道老闫是个好人，助老扶幼，替年老体弱的老人把东西送上楼，背受伤或病重的小孩子去过医院，这种都是平常之中他见了必定会做的事。老闫还当过英雄，追过小偷，抓过欺负病弱的小流氓，最凶险的一次是和几个抢电脑店的歹徒勇斗，挨了三刀……

老闫的奖状和大大小小的荣誉证书塞满了他家里那个油光乌黑的老式榆木桌子唯一剩下的一只抽屉。他说，这些东西自从放进去就再也没拿出来看过，我是唯一看过的人。而我又清晰地发现他两个孩子从小学到高中的奖状工工整整地贴满了他那间小小的外屋的墙。

我问老闫，你为你是个好人和英雄还是人大代表骄傲过吗？老闫仰起满是胡子的脸哈哈大笑:“这有什么骄傲的，我也没做什么，只是做了该做、能做的事。”

那表情完全不像是在作秀要腔调，倒像是我完全多余问这句话。

老闫说自己没什么文化，只能靠这份体力挣钱，养家、供两个孩子上学，帮人的那些事不只是我会做，别人也会做，我跟别人也没什么两样。

这话说得就像是拉家常一样实在，但我却那么清晰地感觉到了一种力量的光芒，甚至是灵魂的震撼:那光芒是一份责任与担当，那震撼是一种朴素的大美。的确，老闫没文化、没能耐，就有他那一身的力气，但这并不妨碍他成为一个好男人、好丈夫、好父亲。而又有一个不是秘密的秘密，除了那两个女儿以外，多数人都知道老闫的妻子没有生育能力，那两个孩子一个是老闫二十一年前从市场捡来的，另一个是 19 年前从汽车站捡回来的。

是他那颗朴素平常，并且勇敢的善心足够让他成为一个坦荡的好人，有着直立的脊梁。

钱是小事，德是大事

这世间，假的东西总是太多，它们总是有着诱人的外表和好看的面孔，但总有一天会被撕破，那将会死得很惨。而那些真的东西，从来朴实，不哗众取宠，甚至平凡到让人觉不出宝贵，但当有一天，你走得离它越来越近，你发现，它是那么美。

从一家工厂下岗的老王，在一家银行对面摆了个水果摊儿，每天起早贪黑，赚一点辛苦钱。两个上大学的孩子都不少花钱，老伴儿一年前又得了脑梗，每天吃药、输液，都要靠老王这个小水果摊儿。所以，老王每天都是来得最早，走得最晚，寻思着能多卖一点是一点。可是老王赚的钱还是不多。

起初，老王也学着别人，为哄买主高兴“多给斤两”。一段时间下来，老王总是卖亏，却找不到原因。后来，学数学的儿子给他一算，他才恍然大悟：每次都多给，不亏才会怪。儿子告诉老王，那些“多给斤两”的，实际是故意制造的假象，暗中都使了手段，也就是“耍秤”。

但老王觉得“耍秤”不道德，做不来，所以后来老王就学“固执”了，该多少就是多少，一点也不多给，所以老王的生意因为他的固执，很不景气。只有附近的几位老大妈，还有银行对面的几个职工，都知道老王的水果买着实惠，因为老王不“耍秤”。在别处，同样的东西，花十五块买的，都不如在老王这里花十块钱买的东西多。

老王的水果摊儿，就是靠附近的这些熟客养活、支撑着。

这天，老王又来到街对面的银行往儿子账号上打钱，银行职员小丽像往常一样热情地接待了老王，但钱过验钞机的时候，有一张百元币怎么也过不去，小丽对老王说：“对不起，大叔，这张钱按规定我得没收，这是张假钞。”

老王一下子惊呆，并万分痛惜，自己辛辛苦苦一天赚的 100 块钱，就这么打了水漂了，也不知是哪个没良心的欺骗他老眼昏花。老王脸上的表情痛苦万分，办完了业务，老王面色难看地转身往外走。

这时，银行职员小丽突然又叫住了他：“大叔，您回来一下。”

小丽低声地对老王说：“大叔，下次收钱的时候，多看看，多长个心眼儿。来，你看看，你可以从这几个方面辨认一下钱的真假……”说完，又把那 100 元递给了老王。

老王感激涕零，连忙双手向小丽作揖，表示感谢。然后，揣着那 100 元钱，往外走。

老王揣着这 100 元钱，心情复杂，他觉得自己也是受害者，辛辛苦苦一天不容易，所以就想把这 100 块钱的假钱花出去。可是去哪里花呢？

老王从市场的东头儿转到了西头儿，又从西头儿转到了东头儿，来来回回折腾了好几圈，觉得坑谁都于心不安。但老王又不甘心，把这 100 块假钱就这么砸自己手里。

老王蹲在市场一角的一棵老槐树下，抽了一地的烟头儿。最终，老王站起身来，径直向市场里面走去，心里好像有了主意。

老王来到“孙记肉食店”。肉食店的老孙肥肥胖胖，一脸横肉，面相凶恶，实际上也很凶恶，打过城管，骂过工商，并且还经常欺负市场里的弱小。老王决定把这 100 块钱“踹”给老孙，因为他得知老孙最近“恶有恶报”，得了白内障，但却忍着没去做手术，吃药保守治疗。有人传说，老孙虽然做了大半辈子的屠夫，整天动刀，但却怕别人在自己身上动刀。

听说，老孙最近是看什么都不清楚了，常把老周看成老李，把老李看成老陈。老王心里七上八下，像揣了只兔子一样，怦怦乱跳，忐忑不安地进了老孙肉食店的门。老王说：“来一只烧鸡！要大个儿的。”

老孙笑着说：“怎么，今天开荤哪！怎么舍得出血花钱啦？”老孙一边打趣老王，一边挑了只个儿最大的烧鸡，上秤、包装，递给老王。老王手有些抖地把那 100 块钱递给老孙，心也提到了嗓子眼儿，但老孙只用手指在那张钞票上轻轻一摸，便把钱扔进钱匣子，然后给老王找零钱。老王的心终于一下子如释重负地落了地，后背上刚才冒出的一层汗，也一下子变得潮湿冰凉。

老王快步地转身出了肉食店，消失在茫茫的夜色当中……

可是当晚，老王躺在床上辗转反侧，怎么也睡不着，好像自己犯了什么不可饶恕的“大罪”。好不容易，挨到后半夜睡着了，但没过多久又被噩梦惊醒了，梦里，凶神恶煞的老孙正拿着刀，一条街、一条街地追他，嚷着要把他大卸八块……

老王双眼红肿，一直坐到天亮。

老王最终决定，还是要去找老孙一趟，就说自己昨天一不小心收了 100 块钱假钞，随手放到兜里，买烧鸡的时候，忘了这回事了，无意间把那 100 块给老孙了。并且老王还做好了被老孙气势汹汹责骂的准备，不管老孙说什么、骂什么，他都会忍耐。只要把这 100 块真钱还给老孙就行，要不，那种坑人害人的滋味，比叫人骂、叫人打更难受。

于是，老王战战兢兢地来到老孙的肉食店，按照事先打好的腹稿，吞吞吐吐地向老孙说明缘由。

老孙起先听着老王一字一句地说完，表情一愣，死死地瞪着眼睛瞅了老王几秒钟，瞅得老王心里直发毛，以为老孙真会拿刀砍他，但老孙却转脸哈哈大笑起来：“老王，你别跟我逗闷子了！我老孙会收假钱？你就是假钱造得跟真钱一样，在我老孙这里也过不了关，我根本就不用瞅，真钱假钱我用手一摸就知道。你就别跟我讲笑话了。再说了，说我老孙收了假钱，不等于说我这大半辈子在这条街上白混了吗？也没人敢哪！来、来、来，你看看，我这钱匣子里有一张假钱吗？”说着把油渍麻花的钱匣子扔给老王。

老王听傻了，老孙还在不停地唾沫星子飞溅：“老王，你要是想巴结我，不用这么拐弯抹角的，你就直说，是谁让你在这条街上不好混了呀，还是什么城管、工商税务的，不让你摆水果摊儿了呀！你跟我老孙说，我一出面，保你半条街想占哪儿就占哪儿……”

老王没心思听老孙吹牛，他一头疑惑地走出了老孙肉食店的门。老王想不出那 100 块假钱，是老孙“好面儿”不肯承认，还是自己给老孙的就是一张真钱？可那张假钱呢，长腿儿飞了？还是自己掉了，不能啊，他对了账啊，一分不差，一分不多。

老王走着走着，突然脑门“嗡”的一下，不禁叹道：“哎，我怎么没想到呢？”

老王急匆匆地来到银行找小丽，可是小丽今天没上班，大堂经理说小丽调到别的储蓄所去了。老王有些失望，同时心里也一直默默感激：小丽这孩子，真是个好姑娘，肯定是她把那 100 块钱假钞没收了，而自己掏腰包给了他 100 块钱真钱。

小丽经常来买老王的水果，有时候还跟老王聊几句，说一看见老王，就想起了自己的爸爸，小丽说她爸爸在老家县城也是卖水果的，每天起早贪黑，风里来雨里去的不容易，但爸爸正是靠这个小水果摊，供她和妹妹都读完了大学。老王很欣赏小丽这个孝顺、懂得感恩的孩子，小丽也觉得老王跟别的水果摊贩不一样，不“耍秤”、不骗人，诚信经营。小丽说，她爸爸也是这样的“老顽固”。

老王下定决心，一定要找到小丽，把那 100 块钱还给她。因为，现在老王觉得这不仅仅是 100 块钱的事了……

03

第三辑

他愿走遍所有黑夜，只为给你一窗阳光

你想要的最好生活，其实一直都在未到的远方，而爱你的父母所给你的，已是他们所能给的最好的。这应该就是最好的生活吧；他们给的已是他们所能给的全部。世界有着那么多你想要的纷繁精彩，而他们一直站在这精彩的背后，倾尽所有为你努力。每一份诗和远方，都有一个人为你负重前行，哪怕走遍所有黑夜，只愿给你一窗阳光。让你有足够的勇气，奔向更好的未来。

心向下长，爱往上扬

不管我曾漂泊过多少青春，是那个小家让我驻留，扎下根来，然后开枝散叶，结出果实。不管那果实是否足够优秀，都是我最好的；就算你一直不争气，我仍会坚持等待，等待你醒悟的那一天。那样，我便会欣慰地笑在最后的年轮。

星期六，我带着五岁的儿子在楼下玩。二楼的老大爷拿着两张体检表走下楼来，老太太也颤巍巍地跟了下来，口里咿咿呀呀不停地说着，要老头儿给儿子打电话一起去体检。

老太太耳朵聋了两年多了，现在说话已渐渐变得有些口齿不清。老头儿掏出黑色的直板“老人机”（手机）给儿子打电话，老太太在一旁表情认真地瞅着老头儿，随后抬起胳膊正了正老头儿的衣领，在老头肩膀上捏下一根头发来，又弯下腰去拍打拍打了老头儿似乎并看不出灰尘的裤腿儿……

老太太的举动也许早已与什么“爱情”无关，但这份习惯性的照顾让人看了还是有些感动。体检表是单位发的，老头儿、老太太都从企业上退休。这次体检，老太太不打算去了，因为前阵子从北京回来看她的闺女才带她去市医院做了个全面检查。老太太的意思是：这张体检表就让给儿子，让他去做一次体检。

儿子没有正式工作，在一个乡镇变电所当农电工，爱喝酒，几乎每天都喝得醉醺醺的，实在没有酒场的时候就跑到老爷子这里来整俩小菜喝。老两口就这么一个儿子，心疼都疼不过来，哪里还会难为他，知道他在家里喝，媳妇一准儿会闹。

可是前几天老太太听说，三单元的张科长一天晚上从酒桌上下来，又坐到赌桌上去，捻着捻着手中的牌就突然秃噜到了桌子底下去——“栓”（脑血栓）住了。

老太太的担心就这么上来了，说什么这次也得让儿子好好去检查一下，看看有什么毛病没有。没有最好，要有得抓紧时间治疗、预防。

在老太太有些焦急地盼望和等待中，不大工夫，儿子来了，骑着一辆125摩托车，像“风”一样快。只见他一个看上去很有“派”地刹车之后，老太太赶紧迈步上前去。

老太太有些生气地拍着儿子的肩膀说：“给你说，叫你别老骑这么快，你就是不听……”

儿子不屑一顾地没有作声。

老头儿小心翼翼地跨上儿子的摩托车，双手紧紧扶住儿子的肩膀。老太太上前死死拽住摩托车把一脸严肃地嘱咐说：“骑慢点，去了好好检查……”

儿子不耐烦地说："知道了！"

看着摩托车驶去，直到摩托车在楼角拐了弯，老太太转身开了储藏室的门，拿出一个小马扎坐下，一直一声不吭地在那里等……

一个多小时后，爷儿俩回来了。老太太忙起身上前去探问情况。老头儿从摩托车上慢慢下来，向老太太比画着说："我没事，还是'三高'，接着吃药……"老太太似乎听懂了什么，紧张的表情稍稍放松了一下，却又立马紧张、疑惑地用手指指儿子。

老头儿大声地冲着老太太的耳朵说："没大事！就是有点儿脂肪肝……"

老太太似乎模模糊糊听出了什么"肝……"，表情一下子紧张起来，老头儿忙又大声地比画着解释："没事儿，喝酒的人多少都有脂肪肝……以后让他少喝点酒……"

老太太又似乎听清了一个"酒"字，就忙走到儿子跟前去，儿子已经发动了摩托车要走。老太太拽住儿子的胳膊说："少喝点儿酒！记住了……"

"知道了。我还有事，我走了呀。没事儿，这个我自己知道……"儿子似乎很着急离去，也不知有什么重要的事情……

儿子走了，摩托车还是骑得像风一样快。

老头儿从储藏室里拿了一个马扎坐下，又比画着给老太太解释："脂肪肝没事，我以后管着他，让他少喝点酒……"

老太太的表情这才渐渐放松下来，眼里藏着淡然而坚定的笑意。

总有一个人，永远放不下你

这世间，总有那么一个人，不管你走多远的路，走着什么样的路，她都是最不放心的那一个；因为你所有的路，都是走在她的生命里，疼在她的心里。

元旦这天，她回了家。娘给她包了饺子。

满满的冒着尖儿的两大碗端到她面前，递过筷子，娘一个劲儿地催促着她吃。每次回家都是这样，好像生怕她吃不饱似的。

娘包的饺子，永远都是那个味道，几十年不变，馅儿与作料都是极简单的家常做法，但她却感觉那是天底下最好吃的饺子。这样的饺子，似乎也只有娘能包得出来。但她的筷子却动得迟迟缓缓，因为心里窝着别扭事儿，最近什么都吃不出滋味。

娘在对面看着，也不敢出大声，只是小心翼翼地重复那一句："快点吃，妮儿。不然一会儿就坨了……"

终究，她还是只吃下小半碗。娘张了张口，好像要说什么，话到嘴边却又咽了下去。只轻轻叹一口气，把碗里剩下的饺子一个个认真地挑了，给她装进饭盒里，让她带到单位去吃。

这阵子，她一直住在单位的宿舍里。因为正跟丈夫闹离婚。

日子过了六年，突然就过不下去了。

不是外遇，没有小三。

一切皆缘于她的生活状况和目前难以改变的境遇。房子是贷款在城里买的，尽管也算是把家安在了县城。丈夫在城郊一个效益一年不如一年的化工厂当工人，而她则是在离家五十多里外的乡计生站上班，每周才能回家一次，要是赶上周六日值班，也要睡在单位。这样，自然家里的事和上小学的孩子就管得少了点。尽管她每次回家都是把丈夫和孩子攒了一星期的衣服、袜子都手脚不停地洗一遍，把家里角角落落的卫生都彻底打扫干净，但丈夫的脾气还是一天比一天暴躁，没完没了地和她闹。到后来竟发展到家暴，发展到他喝了酒后，竟三番五次地跑到她单位闹，还说她有什么偷偷摸摸的事。让她在领导和同事面前丢人丢大了。

实在忍受不下去的她，提出离婚。

娘家离她上班的地方还不算太远，只有十几里的路程，但她还是羞于回娘家住，她怕村里人嚼些闲话，让爹娘抬不起头来，干脆就一直住单位宿舍。

这天，是元旦，单位上除了一两个值班的，人都走空了。娘打电话说包饺子，让她回来过阳历年。她这才回来。

离婚的事儿，娘没说支持，也没说反对。她猜得到，娘是怕说什么，都会伤她的心，似乎也知道到了她这个年纪，自己的事应由她自己做主。

娘把锅碗瓢盆收拾好，因为怕一定会来的尴尬，她谎说单位有份报表等着要交，得回单位去。娘就把车子替她打好气，送她到村口。她心里也难受，急急躁躁地蹬了车子要走，却一下子把车链子蹬掉了，气得她把车子往地上一扔……

娘慌忙几步赶过来，弯下身把车子扶起来，替她上好链子，弄了一手的油污，用路边的枯草搓了两把，站起身来，依然是小心翼翼地说："妮儿，道儿上骑慢点。"

那一刻，她的眼已有些热得发胀。想起小时候，去镇上上初中，每到半路上遇到雨，车子塞满了泥，连推也推不动，急哭了的时候，回眼看到娘从后面披着雨衣匆忙赶来的样子。

现在，她显然已不再是那时候的小孩子。可娘还是习惯地像对待个孩子一样对她做着一切，娘包给她吃的饺子、娘低首俯身为她上好车链子……一切，似乎都是习以为常。

想到这里，她骑上车子，哭了，不敢回头……

原来，这世上最放不下的爱就是那些平凡琐碎的点滴。不管她经历什么、遭遇什么，都有一个人默默地在她的背后，一刻不离、时刻准备着收留她最无助的脆弱。

儿时搀你学步，长大扶你走好人生

你小时候，蹒跚走路，他紧紧搀扶，一路欢笑着幸福的希望；等你长大，他仍对你心怀期待，希望看着你越来越好，如果你跌倒了，他还是会紧紧搀扶着你走好人生的每一步。

星期天，阴了大半个上午的天刚刚转晴，小区楼下最西头的单元前又出现了那一对熟悉的身影：一个年逾花甲的乡下老头儿搀扶着一个肥胖的中年男人，一步一步艰难地向前挪移着……

中年男人的一条腿僵硬、挺直，只能靠另一条腿拖着向前走。半年前，中年男人还对着自己手下的二三十号人吆五喝六、指手画脚，每天在大大小小的饭局上大口喝酒、大碗吃肉，不懂装懂地胡侃国际局势、政坛风云、说黄色笑话、讲荤段子，推杯换盏地叱咤风云……

只是有一天晚上，当他醉意蒙眬地从酒桌上下来又坐到赌桌上之后不久，捻着捻着手里的扑克牌就突然地秃噜到了桌子底下去了……

第二天，在医院的重症病房里睁开眼后，他被告知得了“脑血栓”，成了赵本山小品中的“吴老二”。

如今好了，他终于可以不忙了，想忙也忙不了了，走路都成了问题。乡下的老爹、老娘被一个电话召唤了来，得重新像对待孩子一样照顾他的吃喝拉撒……

“你说你一个本来好好的大老爷儿们怎么就早早地得了这个病，老的还没倒下，这小的倒先爬不起来了……”老太太躲在厨房里择菜，一声叹气接着一声叹气……

媳妇听见了婆婆叹气，就阴着脸骂：“作！作的呗，往死里喝……”

老太太就不敢再言语了。她知道媳妇骂得不光是喝酒，还有别的。

媳妇在一所小学教书，带着刚满六岁的二胎上幼儿园，晚上还得雷打不动地守着刚上初三，成绩却仍在中游徘徊的大女儿做功课，每天忙得像个车轮子，也没空管男人，况且就是有空管，她也懒得管了，因为早气得够够的了。男人在镇上的变电所当站长，每天忙着升官、忙着发财、忙着喝酒赌钱、忙着花心潇洒，就是不忙着回家。两年前，还在镇上弄了个不三不四的外地女人鬼混。媳妇知道了，哭天抢地地闹着要离婚，谁想这混账小子不但不低头服个软，还叫嚣地说：“离就离！离了，老子找个十八的……”是老头儿、老太太从乡下赶来，一把鼻涕、一把眼泪地跪求：“咱不看他，看孩子，这家也不能散。去年家里种了六亩棉花，卖了两万多，今年我们再多种两亩，给你们凑五万，你不说回娘家不方便，一直想买个车吗？……”

家没散。日子就这么别别扭扭地捆绑着、凑合着。

听说男人病了，那个外地女人把男人在镇上偷买的一座平房院落卖掉，跑路了，再无踪影。

现在，除了那个每天哭着闹着要零食、要玩具，把着遥控器不让换台、看动画片的二胎，家里每个人脸上都挂着愁。这日子过得那叫一个憋闷。倒是老头儿，从来少言寡语，每天不吭一声地低头伺候儿子：从一开始喂吃喂喝、端屎端尿，到现在扶着他锻炼走路……

这老扶少，成了小区每天必上演的节目，一道特殊的风景。单元楼里闲着没事、在楼下聚伙闲聊的老太太们看着这一幕，交头接耳地指指点点、说三道四，像看一场戏。

今大男人的手里多了一个拐棍儿，老头儿正慢慢地尝试着松开手让儿子自己走。男人手里的拐棍儿硬生生地拄在地上、一个劲儿地抖不停，站着的另一条腿也在抖，拖着那条硬直的腿试图往前迈，表情扭曲，艰难得好像在逾越一座山……

但他终于还是踉踉跄跄地向前挪了几小步，脸上的汗珠子一颗接一颗地往下掉……眼看着就要往前面趴下去，老头儿赶紧上前一把扶住。

歇了一小会儿后，他们又开始继续、重复……渐渐地，男人终于走得越来越有点样子了。也许过不了多久，他真的就能恢复过来了，再无须他老爹的搀扶。但这段艰难的日子，他老爹给他的一把搀扶，也许不只是让他能够重新站直走路，更想让他把下半辈子的路也能走得像个人样子……

永不苍老的惦念

总有一个人，时刻关注你那里的天气，比你更懂得你所居的地方的冷热变化，因为不管你走到多远的世界，都不曾离开过她心里的世界半步。

星期一，老王匆匆忙忙地从家里出来赶着去上班，走下楼来，一到楼门口就被一阵凛冽的冷风顶了回来：“哇，怎么突然这么冷了！”看着天空阴沉着飘着雪花，老王在早就通好暖气的家里，穿着秋衣秋裤，上了两天的网，没想到外面会这么冷。老王裹紧了衣服又跑上楼去，换了件厚点的羽绒服，然后骑着电动车去上班。

冻得浑身打着哆嗦的老王来到单位，进了办公室，好在单位暖气烧得也很足，但老王还是觉得温度不够，又开了空调。然后坐到办公桌前，点燃一支烟，拿起电话：“小辉，寒流来了，降温了，估计你那里比我这里还冷吧。要买件新羽绒服吗？你去年的那个还保暖吗？手里的钱够不够，不够的话，我再给你打点钱过去……”

儿子小辉今年考到北京去上大学。老王抱着电话唠唠叨叨，儿子小辉在电话那头儿却有些不耐烦：“知道了，知道了，我又不是三岁小孩子，钱花光了，自然会打电话给你。我赶着去上课，挂了呀。”

听筒里传来忙音，老王放下电话暗骂道：“这臭小子，真不让人省心。”然后又拿起电话打给老婆，“秋芳，你离银行近，天冷了，你给小辉打过去两千块钱。”老婆说：“我现在就在银行排队呢。”

老王的心一下子踏实了。老王这个儿子，添得不容易，他三十三岁上，才有了这个儿子，老婆秋芳输卵管不通，做了手术，好不容易才怀上的，两口子一直把儿子当个宝儿似的养着。

刚撂下电话，老王的手机响了，是个陌生的号码。老王本不想接，以为不是卖保险的就是中奖骗人的电话。

但那电话却连续地一直响个不停，打到第三次的时候，老王干脆接了，本想着应付几句，电话通了，却一句话也没说上来。

“老三，下雪了。你出门上班穿暖和点。知道你每个月还房贷，小辉今年上大学又花了好几万块。你工资就那么两千多块钱，但也不能冻着自个儿。你上初中的时候受了三年罪，落下鼻炎的毛病，知道你一到冬天就难受。今年棉花收了不少，我留下点儿，给你做了件厚棉袄，你歇班的时候回家来拿吧……”

电话是老王乡下的老娘打来的。

“娘，你啥时候买的手机？”

“哦，你上次来家里，那个旧手机不是坏了，扔家里了吗？我赶集的时候拿到镇上叫人修了修，手机店的老板劝我买个手机号，说年岁大了，有个手机方便给孩子们联系。我就买了一个手机号，便宜，一分钟才要一毛八……”

老王握着电话有些发愣。娘还在电话那头一句句地说着：“你那里暖气行吧，别老为省那几千块钱，舍不得烧气儿（天然气），不够了，家来拿，我卖棉花还了赊化肥、农药的账，还剩下三千呢。家里你放心，今年棉花柴我都拔家来了，火炕烧得暖和着呢……”

老王心里突然觉得有些难受，怎么就光想着给儿子打电话，忘了乡下的老娘了呢？那个旧手机是夏天的时候就丢家里的，自己早忘了。老王握着手机，一动不动，听着老娘似乎舍不得结束的唠叨。

通话结束后，老王把那个号码存到手机上，只存了一个字：娘。然后穿好衣服，去附近的移动营业厅往那个号码上存了 100 块钱话费。

从营业厅回单位的路上，雪越下越大，老王却毅然踏上了回家的路……

只有一个人懂得，你没有看上去的那么坚强

当你好的时候，她把它全部当作你自己的努力；而当你不好的时候，只有她一个人懂得，你没有看上去的那么坚强，而她所能做的，哪怕只是去看你一眼，心里也觉得踏实，而你终于会明白，哪怕你与绝望只是隔着一步，那一步上却站着她。

吴凤芹从乡下来城里一个多月了，每天窝在电梯楼房里实在是无聊透了，这里没有一个亲戚朋友和认识的人，就是待在家打扫打扫卫生，洗洗衣服，做做饭。本来，女儿打电话叫她来，她是不情愿来的，在乡下生活习惯了，城市里的楼房再高、再好，终究不是自己的家，还是自己生活了快一辈子的老屋住着安心、踏实，随便、舒坦。可是女儿开车来硬要把她接走，还给了她一个不可拒绝的理由，说自己最近升了职，工作忙，孩子过几个月就要中考，家里的事实在照顾不过来，工作不能耽误，孩子的前途也不能耽误。

可是到了城里几天后，吴凤芹才知道事情的真相是女儿离婚了，快升学的孩子需要照顾倒也是事实。女儿每天阴沉着脸去上班，然后拖着一身的疲惫回到家，一声不吭。吴凤芹看着心里难受，知道女儿的心里肯定更难受、别扭，或恼怒。

女儿最近这一周根本连家也不回了，只是打个电话回来说要加班。吴凤芹知道女儿是想靠紧张的工作麻木自己，逃避伤痛和烦恼。

婚姻不幸，就像是一把无形的刀，在人的心里、感情和生活上割开巨大的伤口，血和疼都积在心里，痛与苦只有自己知道，也只有自己承担。眼下这个节骨眼儿上，吴凤芹不敢多问，不敢深究，她也有所耳闻现在城里离婚就像得了流行感冒一样，说离就离、说不过就不过了，不像她和她两年前去世的老头子一样，吵了一辈子，也打了一辈子，到最后还是该干活干活，该抚养孩子抚养孩子，相陪到死。她不知道哪一种结局更悲哀或者更幸运，她想不了那么深刻，她唯一觉得重要的是把伤痛和烦恼挺过去，把日子过下去，一切都应该能圆满。

所以，她做不了女儿的主，女儿的女儿也快十八岁了，她的主意还是由她自己拿，她只是看着她，替她难受，也知道要是过得好好的，谁离婚玩儿呢。

既然已经这样，也只好多替她分担一些，希望她能慢慢好起来。这天，吴凤芹干完家务坐到沙发上看电视，看着看着眼睛瞪大，呼吸急促，心跳加快……

吴凤芹精神恍惚地开了门，开电梯下了楼，让物业上的保安帮忙打了个出租车往医院跑。

来到医院，大厅的护士问她怎么了，她只是一脸紧张地说找谁找谁，护士说那是专家门诊，得挂号，需要预约。吴凤芹说自己是家属，护士说我们这是正规大医院，家属也不能搞特殊，走后门，我们要替医院的声誉着想。护士那明显不屑的表情显然是根本不信吴凤芹说的，因为这种打着家属、老乡、同学、朋友旗号想提前看专家门诊的人太多了，她们早已见惯了这一套，也不相信这一套。要是自己轻信，搞乱了秩序，不但要被骂，还要被扣工资。

吴凤芹说那要等多久，护士看了看电脑说“已经到下午三点了”，叫她挂号缴费等待。

吴凤芹拿了号到了二楼，楼道里挤的全是人。熬过两个多小时，人渐渐少了，等待的人都很焦躁无聊，只好靠与邻近的人扯些闲话排解烦心。挨着吴凤芹坐的是一位和她年纪相仿的老太太，穿着讲究，看着像城里人，应该还是家境不错的那种，陪她来的是她的女儿。她问吴凤芹有什么病。吴凤芹愣了一下，然后尴尬地说：“我没病……”

话还没往下说，那城里老太太就瞪大了灯泡一样的眼睛，分外惊恐的样子，然后忙转过脸去不敢再与吴凤芹说话了，紧紧地抓住了女儿的手。恰好这时候，候诊台的护士叫号了，那城里老太太忙站起身，走进了专家门诊的门，临进门时还回头看了一眼吴凤芹，眼神的意思是：“这人脑子有病，可能是阿尔茨海默病后遗症。”

不一会儿，城里的老太太跟着手里拿着单子的女儿出来后，转身向另一方向的楼梯去了。这时，护士叫了吴凤芹的名字。

吴凤芹心里一激灵，忙跑几步进了屋。

专家医生还忙着在纸上写着什么，头也没抬地问：“哪里不舒服？”

吴凤芹坐到椅子上说：“心里难受……”

专家医生一惊，猛地抬起头来说：“你怎么来了，这是我工作单位，我正在工作，你没看我这里忙成这样了吗？你在家待着没意思，就看看电视，我可没工夫陪你……”

“我就是不放心，来看看。工作也得有时有晌，不能这么拼命的，心情不好，也不能这么折磨自己，把身体搞垮了，就啥也干不了了，一辈子还长着呢。你是医生你比我懂……”吴凤芹说着，眼里掉下泪花儿，从布书包里掏出一个保温桶放到桌上，“你喜欢喝的紫米粥，我早上熬的，还热乎呢。”

女儿的眼圈也一下子红了，嘴唇抽动……

“我刚才看电视，电视里一个医生因为劳累过度倒在了手术室外，妮儿，不论遇到什么事儿，碰到什么坎儿，咱都不能走极端，咱得好好挺过去。你其实现在也是个病人……”吴凤芹开始抽泣。

女儿的哭声终于没忍住：“妈，看完了这一拨儿，我跟你回家……”

回家！

每一个故乡都有一条流泪的鱼

故乡，是他们固守的年轮；而唯有你回来的时候，他们会准备好所有，为你盛开全部的绿意。

今年五一放假，我们几个兄弟姐妹商量好都不外出旅游了，乡下的父母年龄越来越大，我们决定这个五一都回去陪老人一起过节，我给母亲打去电话，母亲表示出从未有过的高兴。

五一这天，我们陆续地回到家，大大小小十五口，好不热闹。母亲的脸一直笑着，仿佛也年轻了几岁。简易的厨房里摆得满满当当的，每次回来都是这样，母亲怕亏了我们的每一张嘴。饭菜很快就做好了，摆满了桌子，有鸡有鸭、有虾有鱼……

弟媳是我们这一伙儿里最喜欢吃鱼的。所以每次在一块儿吃饭，只要有鱼，她的第一筷子肯定是伸向鱼盘的。

“这什么鱼？怎么这个味儿？”她突然说了这么一句。一桌子人的目光立即都投向了她。

“怎么啦？”二姐问道。“你尝尝。”弟媳皱着眉头说。大姐也夹了一块儿，放到嘴里：“妈，这鱼在哪里买的？”

“不是买的。是前几天，邻家你张二伯在西村小河沟里网的，分给了我们半盆，小的前日我和你爸做着吃了，留了几条大的，寻思着你们回来再吃。我用盐腌过了，怎么，是不是太咸啦？”

“不是，可能是坏了。”大姐说。

“坏了！不会吧？我明明用细盐腌了的。”母亲一脸怀疑地说道，并小心翼翼地在鱼盘靠边儿的位置夹了一小块儿，放进嘴里。

我也把筷子伸了过去。很甜，但有股腥臭味儿。“这鱼臭了。”也尝了一块儿的小弟说道。不懂事的小家伙儿也跟着一起嚷起来：“我们不吃臭鱼、不吃臭鱼……”

母亲的脸一下子暗了下来，很羞愧的样子。

“倒了吧。都怪我老了、不中用了，把糖当成盐了……”

母亲两年前得了白内障，虽然动了手术，但眼神儿还是不那么好，看东西总是模模糊糊的。

“没事儿。妈，这不怪你，不怪你……”几乎所有的人都这么说着，但母亲的脸色还是不好看。母亲伸手要把那盆鱼端出去了，嘴里还不停地嘟念着：“都怪我，都怪我，这么好的东西让我给糟蹋了，唉……”刚才一直低头吃饭的父亲，没有说什么，因为他有点耳背，听不太清我们在议论什么。但他看着我们一个个表情尴尬，也似乎明白了这里面有什么不对。见母亲往外端鱼，忙阻拦道：“别端走，别端走，不好吃我吃……”

我的心一下子难过起来。父母一辈子节俭惯了，含辛茹苦把我们几个都供出去上大学，从来都是把最差的东西留给自己吃，把最好的留给我们。这次也是这样，只是母亲眼神不好了，出了意外。但他们的爱从来没有意外。

想着想着，我的眼睛忍不住地湿了，模糊的视线中，仿佛看到鱼的眼睛里也流出泪来……

失踪的爱，总有一人帮你慢慢找回来

世间所有的不堪，让你慢慢成了那个百般挑剔的人；而唯有一个人会教你慢慢放下，因为好日子、坏日子，都是自己过出来的。

这天傍晚下班之后回到家，我就直奔冰箱而去。

因为中午去参加了一个婚宴，喝了点儿酒，菜又有点咸，这会儿正口渴得要命。可是拉开冰箱门之后，我就恼火了。

因为冰箱里竟然摆着半盘子香肠。

我对这东西向来深恶痛绝，因为几年前有一次我跟一个朋友去他做熟食加工的同学那里打牌，中间出来找厕所的时候无意中误入了他们的加工车间，看到了那恶心得令人想呕吐的脏乱场景。从那以后我就“见香肠而色变”了，再不肯吃这种东西，并且严令家里人也不许吃。而这次肯定又是我那“上得了厅堂”，却“下不了厨房”的笨媳妇买的。因为这两天我们都要加班，幼儿园又放了假，五岁的儿子没人照看，所以这才不得不把乡下的母亲叫来为我们照看一天。半年前母亲查出了轻度脂肪肝，从那以后，她就再没吃过油荤的东西。你说我媳妇这样没心没肺的，能不让我生气吗？明明就没有把我母亲的事放在心上。再想想中午吃饭的时候，他们两个吃得津津有味，而母亲在一旁肯定还不知怎么生气呢，心里肯定以为是儿媳妇故意这么做给她看的也说不准。想到这里，我虎着脸问正在客厅里看动画片的儿子："你奶奶呢？"儿子头也没转地说："在屋里睡觉呢。"我轻轻推开小卧室的门，心里立马咯噔了一下。

因为母亲根本就没有睡觉，而是一个人坐在床上发呆，表情阴暗沉闷……

我的猜测果然应验了。

为了不让母亲再生气，我没敢再提香肠的事，就小心地低声问："妈，你没睡着哇？"母亲似乎这才回过神来，迷迷糊糊地"嗯"了一声。我说："我下班了，您可以回去了，家里正在春播，怪忙的，别耽误了农时……"

母亲慢吞吞地"啊"了一声，反应似乎有些迟钝。她说："我歇一会儿再走，觉得有点困，但却睡不着。"说着就把头转向里面，再不作声了。也许她心里窝着的气还没顺下去。

我只好说："那你歇着吧，一会儿到了时间我叫你。"说完，回到客厅喝令儿子道："把电视给我关了，别打扰奶奶休息，跟我到楼下玩吧！"儿子极不情愿地关了电视，跟我来到楼下。

在楼下的储藏室前，我一边看着儿子和别的几个小孩子玩，一边看着手表，寻思一会儿，叫母亲下楼让她回家。她骑电动车走，20 多里路，走晚了，怕路上不安全。可是还没等我上去叫她，母亲竟然提着包裹自己走下楼来。

我心怀愧疚把母亲送走之后，儿子跑过来缠着我要上楼接着看动画片。来到楼上，给儿子打开电视，我又走向冰箱，我想把那半盘香肠拿出来，摆到客厅门口，指着盘子好好教训媳妇一番，好让她长点记性。可是打开冰箱门我却傻掉了，因为那半盘香肠竟然不见了……

我不禁一头的雾水，“母亲吃啦？”这绝对不可能！可是，我翻遍了所有的屋子都没找到那半盘香肠。那它能上哪儿去呢？我又在垃圾桶里找，也没有。于是过了一会儿，我估计母亲快到家了，就给家里挂了一个电话。

那半盘香肠果然是母亲拿了。

我于是担心地说：“你可千万别吃那东西，你有脂肪肝，再说那东西也不卫生……”

母亲说：“我知道！你上次回来不是因为你爸爸买了香肠吃，你冲他着了一顿急吗？我们不吃，但我是怕又花了钱浪费，所以拿回来让我们家小狗吃的。另外，小军，我还有一件事得嘱咐你，你媳妇加班加到中午十二点五十才回来，下午一点半又要回去上班，匆匆忙忙的可能一时忘记了，寻思买点便当的算了。她也是一番好心想给我买点好吃的，并没恶意的。你可千万别因为这点小事儿跟人家着急上火的，两口子和和睦睦的才能过得长久……”

握着电话，我的眼一阵阵发热……

善意的谎言，租来的“婚礼”

如果你的不好，是我无意犯下的错误，那么我愿用一生来好好偿还。哪怕对你撒下最幼稚的谎言，只要你能尝到一点甜。

晴子是位漂亮的姑娘，高挑的身材、长长的秀发、白皙的面孔、大大的眼睛……

晴子今年22岁。这天上午，晴子很安静地坐到了小区附近的一家婚纱摄影楼里，化妆师正精心地为她打着粉底、描眉画眸、涂唇彩，做发型……

画好新娘妆的晴子更是漂亮得惊艳，让在场的所有人都禁不住“啧啧”称叹。人人都说：“谁要是娶到晴子这么漂亮的姑娘，那可是一辈子修来的福气……”

一切准备就绪，就等新郎了。

半个多小时以后，新郎终于来了。

是社区福利纸箱厂一个刚从乡下来城里打工不久的男孩子，长得还算英俊帅气。

摄影师叫过他来，让他站到打扮一新的晴子身边，指导他按要求摆好各种姿势，然后娴熟地拍起照来。晴子一直那么幸福地微笑着，而新郎看上去倒有些紧张、拘谨。

照片拍好之后，摄影师把照片拷进电脑，然后让晴子过来看，晴子高兴地欢欣鼓舞，乐个不停……

摄影师告诉晴子，三天后会把照片送到家里去。晴子满意地笑了。

脱下婚纱之后，晴子妈让邻居张大姐带晴子先走，自己从兜里掏出500块钱，分成两份，300块钱递给影楼的摄影师小蔡，200块钱塞给刚才那个跟晴子一起照婚纱照的小伙子。

那小伙子接了200块钱红着脸走了，而摄影师却又把那300块钱推了回来："阿姨，这次不收您钱了，照片洗出来之后，我挂两张在橱窗里，也当晴子为我做一次广告。"晴子妈客气了一句："你看这，那怎么好意思……"

这就是晴子的婚礼，没有豪华的场景、没有排成长队的婚车、没有几十桌子坐满客人的婚宴，只有简简单单的几张婚纱照。

晴子是个智障女孩儿，3岁那年的一场高烧烧坏了脑子。晴子没办法像别的孩子一样正常地上学、升学、就业、成家，但要强的晴子妈还是坚持让晴子在特教学校念完了初中的全部课程，并逐渐地教会她生活自理。两年前，晴子进了社区的福利纸箱厂上班，当然只是做一些简单的活计，每月挣一两百块钱的工资。但这已令晴子妈很满足了。

只是一个星期前下班回到家的晴子突然说："妈，我要结婚……"

晴子妈被这突如其来的要求着实吓了一跳，直到第二天，她去纸箱厂打听才知道原来是晴子厂里的一个工友最近要结婚，把照得漂漂亮亮的婚纱照拿到了厂里炫耀。

别的事都还好说，唯独这种事着实让晴子母亲发愁。可她又打心里不想让晴子失望，只好先含糊地答应，以为过两天，晴子也许就会把这事忘了。

可是一连好几天晴子都会不厌其烦地追问:“妈，我什么时候可以结婚？”晴子妈只好有一句、没一句地笑着安慰说:“快了、快了，乖女儿，很快就可以了，给你定做的婚纱是最漂亮的，做起来要麻烦一点……”

终于有一天，晴子等得不耐烦了，饭也不肯吃、班也不肯去上了。晴子妈开始害怕，她怕晴子会因此再犯起病来。

无奈之下晴子妈去找了纸箱厂的老板，老板是个好心的大姐，就和晴子妈商量了开场的那一幕。尽管在正常人的眼里，晴子的人生终究不会完整，但在妈妈的心里，那是一份独一无二、毫无残缺的爱。

他愿走遍所有黑夜，只为给你一窗阳光

这世间，总有些事是必须面对，又特别难的。而当你觉得再怎么努力也没有希望的时候，只有一个人肯为你继续坚持。他愿走遍所有黑夜，只为给你一窗阳光。

女朋友终于同意和大川领证结婚了，可大川却怎么也高兴不起来。站在民政局门口，看着一对对脸上洋溢着幸福的新人进进出出，小丽看大川还阴沉着个脸，就噘起嘴说："行了，行了，瞧你这小心眼儿！咱这是来领结婚证的好不好，你拉着个脸，叫人家一看不知道的还以为咱是来领离婚证的呢！"

大川只好努力地笑笑。小丽说："你别怪我妈。我妈和我爸离婚后，这么多年一个人把我养大，又从老家出来在城里打工供我上学，太不容易了。她说，她受够了在城里没自己房子的气和难了，她就我这么一个闺女，她不想我也和她一样，她就是想看着我能在城里有一个自己的家。再说她眼下又得了癌

症，没多久活头儿了，我不能让她带着遗憾走。你要实在觉着委屈，要不算了吧……”

大川一听这个，忙一把扯住小丽的胳膊：“别、别、别！我不是那个意思。我是一想我爹无家可归了，心里难受。对不起，小丽。都怪我没本事……”

原来，大川和小丽要领证结婚，小丽妈别的要求什么也没提，就提了一个要求，就是大川得一手交房产证，她一手交户口本，他和小丽俩人才能去领证结婚。可是大川从一个不怎么好的专科学校毕业后，在这座城市打拼10年了，挣的那点钱还是赶不上房价上涨的速度。没办法了，大川给在老家县城的爸爸打去电话。一个星期后，大川爸爸来了。可是大川爸爸只带了15万块钱。大川爸爸从一家倒闭的县企业办了退休后一直四处打零工，可1000多块的退休金和挣的那点零工钱自从老伴儿得癌症走后，几乎全还了当初大川妈看病借的债了。这15万是大川爸爸把老家的房子卖了所得的钱。

大川手里有11万块钱，两下里一凑才26万块钱，俩人用一个月的时间跑遍了全城，就算五环以外的一个小两居的首付也不够。父子俩几乎一夜之间都愁白了头。大川爸爸抽了一夜的烟，第二天一大早说自己再回趟老家，找些亲戚和朋友再去想想办法。半个月后，大川爸爸回来了，钱借到了，并且还借了不少。他们终于在五环的一个小区买了一套房子。

结婚那天，朋友们吃完饭走后，大川爸爸守着两桌子剩菜，喝着剩下的半瓶酒，喝着喝着就喝多了。扯过大川的手说：“川儿，别怪爹，爹没能耐……”大川也难受地掉下泪来，说：“不怪你，爹，都怪我没出息，你放心你借的钱，都由我来还……”大川爸爸说：“好，你有这个担当和志气，我也就放心了。”说着把写着一个银行账号的纸片交到大川手里说：“以后，你每个月往这卡上存2000块钱吧，我答应了人家每月还人家4000块钱的，剩下的2000，我把工资本押人家那里了。我也不回去了，我就在这里找个活儿干，能养活我自己就行……”后来，大川爸爸说他在一个大楼里找了个看电梯的活儿，好在人家老板还不赖，跟自己当年当兵时是一个连队的战友，免费给他提供食宿，也不用大川操心了。

接下来的日子，为了尽快还钱，大川就想尽一切办法玩命挣钱，除了工作，另外还干了份兼职卖保险的活儿。最近，为了拉一些工厂和公司的大客户，大川不得不每天请那些老板和会计吃饭、喝酒。所以常常喝得醉醺醺的，很晚才回家。并且为了省几块钱的地铁钱，完了事，他就跑步回家。这天晚上，大川喝得实在太多了，天又起了大雾。竟然跑迷了路，不知跑到了一个什么地方，一脚踩空，摔了下去。等大川醒过来的时候，发现原来自己是踩进了一个被移开半个井盖的管道地下井里。大川拖着伤腿，好不容易来到大街上，拦了辆出租车，想先去医院看下病。可是还没到医院，妻子小丽就打来了电话，听着小丽在电话里一顿叽哇乱叫的哭诉，大川彻底傻了……

原来，这阵子，大川四处跑保险，钱都花在请客户吃饭上了，忘了往父亲给的那个卡号上打钱了。一个人找到了他家里。原来，那房子根本就不是大川爸爸买的，而是大川爸爸从别人手里租来的，每月租金2000块。房产证是从办证贩子那里办的假证。大川两个月没往卡上打钱，房东就找到家里来了。大川又急又恨，怪罪爸爸办的这叫什么事儿呀，可他打爸爸手机，却怎么也打不通。

大川瘸着腿去爸爸说过的那个办公大楼找，可那里的保安说他爸爸根本就不在这儿住，并且有两天都没来上班了。大川傻了。心想爸爸不会出什么事了吧。

第二天一大早，一个环卫工人打来电话说：“你爸爸正在发高烧，你赶紧来吧……”

原来，大川爸爸为了省钱，住到一个高架桥洞子里去了，天冷了，终于冻病了。大川爸爸在医院里被抢救过来以后，看着哭肿了眼的大川，也号啕大哭起来：“我也是没办法呀，首付咱都交不起，我哪还能想出别的办法来，可是爸爸也不想让你因为结不了婚恨我一辈子呀……”

想想那个放下了所有、付出了所能付出全部的人，哪怕走遍所有黑夜，却依然坚持努力给你一窗阳光的人，你还有什么理由荒废你的人生？

不愿你远嫁，但更愿你幸福

一单元二楼的老张今天终于把闺女嫁了。

这件事来来去去折腾了大概有 3 年多，闺女想嫁，而老张两口子不想女儿出嫁，尤其是老张不想女儿出嫁。

老张就这么一个宝贝女儿，从小到大，带在身边，百般疼爱呵护。不是老张自私，不想嫁女儿，想让闺女老在家里；相反，正是老张太爱女儿了，想让女儿能嫁得最好，将来也能过得最好。

可是，在这个“最好”上，老张和女儿有了严重的分歧。

女儿上的是医科大学，毕业后分回到本市一家三甲医院，工作体面，收入不错。老张的家庭也算是小康之家，老张的打算，是在本市为闺女物色一个好对象，寻一个好人家。

这样女儿离家不远，有什么事能多个照应，婚后吵架受委屈了，可以眨眼的工夫就跑回娘家来；要是那小子真要浑蛋，自己也能在第一时间去教训他。当然，在很多人看来，这都是多余的担忧，哪里有两口子不吵架的，哪有两口子吵架，老丈人出面打架的？可是老张不这么看。

老张觉得这些事可以做得理直气壮，他就是不想让闺女受一点委屈，自己把她生了，养育她二十几年，没给一点委屈受，凭什么让别人家的小子欺负。

说白了，就是老张太爱女儿了。老张还寻思着，自己好歹还有一个月几千块钱的退休金，自己省着花，总归会给女儿多攒一些，将来她日子过得难了，不会让她捉襟见肘，不会让她为难求人。将来有了孩子，他们两口子也好帮着带带，让小两口子少分心，好好干事业。就算他们不能大富大贵，但至少能少为一些难，少受一些苦。

老张把这一切都计划得好好的，也准备得好好的。

可是女儿跟他却不在一个频道。

女儿的男友是医科大学的同学，但毕业的时候，就业艰难，又是这种医学专业，都希望一开始就能进一家好医院。男友家是天津的，所以，分到了天津的一家知名的大医院，而老张的女儿所学的专业，那个医院没这个缺口，如果选择留在天津，只能去私人医院。

老张女儿当初也想留在天津的，哪怕是私人医院，年轻人就是这样，把爱情看得高于一切。

可是老张不同意，老张是过来人，老张会以客观成熟的逻辑分析轻重得失。于是，苦口婆心地劝女儿，要以事业发展的前途为重，那是一辈子的事，不然得不偿失。

好说歹说，女儿总算答应回来了，进了本市这家不错的医院。老张皆大欢喜。而老张女儿当初与男友的关系还没有向双方家庭明朗，只是想着两个人异地就异地，反正离天津也没那么远，往后通了高铁，顶多也就两个小时的车程。或者工作的事，可以慢慢调动，两个人只要相爱，终究会走到一起。

可是年轻人就是年轻人，眼里只有爱情。

后来，两个人向双方的家庭明朗关系以后，“战争”一触即发。

双方家庭都不同意！

男方嫌女方是小城市的人，女方说什么也不同意女儿去那么远的地方，并且女儿那个男友，老张两口子怎么看怎么不顺眼。况且得知，他的家庭在天津也不过是个平民家庭，女儿去了有没有房子，要不要还房贷都未可知。

可是不管家长同意不同意，看着顺眼不顺眼，两个年轻人只顾爱得山盟海誓，如胶似漆；管你们说的什么山高路远，顺眼不顺眼，你们说的不合适只是你们的不合适，不是我们的不合适，我们认为的就是，除了彼此，这世界上再找不到合适的人！

年轻人的爱情啊就是这样：这是我们的爱情，还有我们希望的将来，又不是你们的。

老人们也不是不懂这个道理，可总觉得小孩子目光短浅，一时冲动，还没有面对真正的生活和日子。

所以，这“战争”就变成了长期的“拉锯战”，双方家庭还是坚持不同意，而两个年轻人还是暗地里爱得死去活来，誓不分开。

而大人也愁，苦口婆心地劝，到最后冷战。就这么拖着，但时间不允许拖着，年龄也拖不起，眼看都 30 岁了。

最终妥协的还是老张。

最爱女儿的是老张，当初坚决反对的也是老张，可到最后让步的还是老张。因为最爱女儿的老张，不想这么再别扭着女儿了，他大半辈子没让女儿受一点委屈，干吗还非要在这件事上让女儿受这么大委屈呢？

不是老张想通了，而是老张实在不忍心。

走一步看一步吧，不管将来女儿后不后悔，过得好不好，自己还是会尽自己的最大可能，竭尽全力、倾其所有给她最好的帮助与保障，大不了就是难一点。老张宁愿为难自己，也不能为难女儿了。

男方说，在天津买了一套房，但贷款不多，并且会帮助他们两口子一块儿还，绝不会不管，老张说，好好好；女儿说，自己会考研，将来去了天津也能进好点的医院；老张说，好好好。老张只剩下说“好好好”了，可是谁都看得出来，那是权且的无奈和退让，还有默默流进心里的眼泪……

这天，老张风风光光地把女儿嫁了，浩大的婚车队伍开到单元楼前来，婚庆公司按照步骤一项一项地进行着各种内容。老张也穿了新衣，戴着“父亲”的胸花，可脸上的笑总是不那么自然。女儿穿着火红火红的嫁衣，被女婿接出门口的那一刻，回头叫了一声“爸”。就是那一声“爸”，一下子把老张叫出了眼泪，连忙躲过身去，装作去上厕所……

热热闹闹的队伍渐渐驶出小区，老张也上了接亲的队伍，直奔婚宴现场。这是双方家庭提早商量好了的，照顾女方把女儿嫁得这么远，举行两场婚礼，在老张女儿的城市举办一场，在男方家举办一场。

婚宴大厅，张灯结彩，富丽堂皇，是本市最贵、最高规格的，老张说，这钱我自己出，我就这么一个女儿，嫁她一回，就得像个样子。亲家老两口连忙千恩万谢，并保证在天津也绝对办得像模像样，不会委屈闺女的。

在开始前，老张悄悄把司仪拉到一边口气生硬，几乎是命令般地说：“我知道你们有很多花样儿，我也参加过不少婚宴，但有一条你给我们去了，就是那什么父母孩子拥抱什么的，我不管别人家什么样，但我们家不要这一项！否则，别怪我最后不跟你们老板结账。也许你的词儿早都背熟了，但你记着点，我们就是不要这一条，不要拥抱什么的……”

婚礼司仪瞪大眼睛，一头雾水，迷惑不解地看着老张这个怪老头儿，但看着老张一脸严肃坚定的样子，只好唯唯诺诺地说：“好，叔，知道，咱干的就是伺候人的活儿，你说怎么着咱就怎么着……”

其实，老张是怕自己跟女儿拥抱那一下，会哗哗不停地掉下泪珠子来……

他不想自己那么丢人，其实这也不算什么丢人，而是另外的一种东西，是老张不想让女儿看到自己这么脆弱。以后，不管女儿日子过得好不好，道路难不难，他老张还是会做女儿一辈子的天，顶天立地，哪怕粉身碎骨，也要为女儿撑着最后的一片天！

主婚人、证婚词、开幕词、放音乐、展照片、问经历、逗乐子，婚礼司仪一项一项像说相声似的按照程式化的表演进行着，到了敬酒、给红包、改口这一项，老张明显有些紧张，不时地拿眼色盯那司仪几眼，那司仪也警惕地回视老张的眼神，告诉他：“别担心，忘不了！”

果然没有这一项。

可是万万没有想到，在给红包的那一刻，老张的女儿提着嫁衣走过来，结结实实地抱住了老张，低声地一声声地叫着：“爸，爸，谢谢你，爸……”

满脸都是泪花儿。

老张猝不及防，完全没有准备，眼里的泪花子也一下子哗哗下来了：“别、别、别，闺女，今天是你出门子的好日子，不能掉泪，不能掉泪，给我好好的，好好的，听话……”

可是，老张越说，眼泪就掉得越猛，女儿的眼泪也掉得更猛，哽咽着几乎要哭出声来了……

都说女儿是父亲上辈子的情人，今生的小棉袄，可是上辈子的事，不知道，只有这辈子父女一场，情如高天阔地，坚如钢铁，韧如蒲草，不可动摇，不可断。

不管你长得丑不丑，他都视你是天下最可爱的女儿；不管你聪明不聪明，他都认为你是这天下最好的；不管这世界上有多少人嫌弃你，唯有他从来没有一丝嫌弃你。

不管最后，你嫁的那个人，他喜欢不喜欢，他都会委屈自己，而成全你。因为那是你喜欢的，还有什么比你喜欢更重要呢，在他的心里，没有比“是你喜欢的”更重要！

这份重要大于天，也可以让他妥协自己的全部。

如果你嫁对了，他为你高兴；如果你嫁得不对，当初只是为年轻的爱情一意孤行，现在过得不好，他会最难过！

但他不会怪你当初不懂事，他仍会一如既往，坚定不移，想尽一切办法，倾其所有，希望你过得好，不绝望；希望你少受一点委屈，少掉一滴眼泪。

你开始新的精彩人生，他会悄悄离场；但你遇到难处，受了委屈，他从来都不会缺席！

这就是你的爸爸。

尽管他在心里默念过一万遍：女儿，人生太长、太难，嫁人千万别一意孤行；女儿你别嫁得太远，但当你做出决定的时候，他还是会遂你的心愿。

因为，他希望你人生的每一步都多一些欢笑，少一些眼泪。

而如今的你，是当初那个一意孤行出嫁的人吗？你现在的生活，嫁对了吗？

只有一个人比你更在乎，你过得好，他为你高兴；你过得不好，他咽着最苦的眼泪……

那个人就是你的爸爸！

04

第四辑

世间唯有爱的掌声最精彩

他也曾青葱年少，也曾繁花似锦，只是他一旦有了你，心里装满的便全是责任，这责任就是他的全世界，因为你就是他的全世界。不管世界冷与暖，他唯知与你争朝夕，不管生活好与坏，他不让你尝酸与苦，唯有他替你一一尝过，像蜜蜂采集百花，为你带回蜜来。你为那么多的世界风光、别人的骄傲鼓掌喝彩，其实，你最该给掌声的是他的爱。

有我在，就会为你顶起那片蓝天

小草希望绿遍原野，花儿希望开出芬芳，鱼儿希望永远快乐在水中，鸟儿希望自由飞翔在天空。每个人，对生活的热望也充满梦想，只是当风雨来的时候，当命运变成一种战争，你必须学会坚强。而那个一直为你坚强的人，会付出她的全部，为你顶起一片蓝天。

那时候，她在县里最大、职工最多的棉纺厂上班。人年轻、漂亮，也精神，是车间里最能干的职工，丈夫是厂里的机修师傅，两个人拿着当时令教师和机关干部都羡慕的两份不错的工资，住在厂区的职工周转宿舍，一儿一女，健康活泼，称得上幸福美满的小日子。

只是后来企业改制，厂子变成私人承包，她先是以年龄过大被下岗，再到后来完全私有化，设备更新，丈夫不懂电子技术操作，被老板辞退。一家人的生活就陷入了窘迫。厂区扩建，拆了职工宿舍，他们连住的地方都没有了，原本安安定定的生活，他们从来没有想过要变迁；数数手里的钱，打听着去买房，哪怕只是像宿舍这样的两间小平房呢，结果是他们想不到的绝望，钱连一半都不到。眼下又都丢了工作，一家四口总要吃喝，总要有个住的地方才行。找亲戚朋友们去拆借，有的给 1000 块，有的给 500 块，有的客气抱歉……家家都有难处，人人都有担心，借给没了工作的两口子钱，也就是应个人情，不计较还与不还了。两口子守着借来的总共不到 4000 块钱，守着睡着的两个还什么都不知道的孩子，看着半个月后就要拆的宿舍，欲哭无泪……安安分分生活的他们从未料到过生活会陷入这样的境地。

先租下房子，再想法儿去做点什么，日子总要过下去。她去了一家私人的玩具厂做初级的缝补工，每月 600 块钱，丈夫去了城外的砂轮片厂去砸石头、翻砂子，活儿累人，但一月倒有 1000 多块的工资。大儿子上了初中，小女儿也上了小学，一家人没病没灾的，俩大人都不懒不馋、不喝不赌、不胡乱来，踏踏实实的，撑下去，日子总会慢慢好起来。俩人都这么想。

可是天有不测风云，人有旦夕祸福。每日辛辛苦苦的男人突然一下子就倒下了：尿毒症。都说男人是家里的天，男人倒下了就等于天塌了。女人哭了 3 天，再哭不出眼泪。本来一分分积攒下买房的钱一天天如流水般大把大把地花出去，人命总比钱要紧。

一个小家就这么陷入风雨飘摇。女人迅速地老了、瘦了，脸上没了笑容。已能看懂事的孩子们似乎也一下子长大了许多，不再争着吃鸡蛋、吵着要吃肉，没声没响地吃完了饭，躲到屋里去做作业，电视再没开过，哥哥对妹妹说：“电视咱不看了，费电。”

女人把玩具厂的工作辞了，时间点儿绑得死，工钱又少，丈夫要人伺候、孩子们要吃饭、上学。女人买了个旧三轮，置办了炉具、锅子，跟着一位相熟的大姐学做煎饼，打算在家附近的街口摆个小吃摊儿。钱总能多赚一些，出完了摊儿，回到家还可以领些计件儿的加工活儿，糊纸盒、缝鞋……总能换个油盐零花儿。丈夫有人照看，孩子吃饭、上学也不耽误。自己一个人苦点儿，也是没办法的事儿，叫不得屈，谁让事儿遇上了呢。总不能撂下一家子人跑吧。有人跑过，原来厂子里的一个工友也是受不了难日子，跟一个倒腾棉纱买卖的南方人跑了。女人也不笑话人家，也不怨自己，个人的心没那么花也没那么硬，自个儿有自己个儿的命运，谁也替不了谁，只能把自己能过的日子过好。

现在，女人的煎饼摊儿成了小城街口生意最好的煎饼摊儿，大儿子去念大学，小女儿正上高中，丈夫的病维持了九年了，坚持透析，身体当然是越来越差，女人说过要给男人换肾，男人骂了哭、哭了骂，最后道出一句："别因为我耽误俩孩子，我怎么也这样儿了，多活一天、少活一天没什么分别了。"

女人咬着嘴唇、噙着泪花儿，没说出那句："你活着，孩子们好歹还有个爹。"

经常来买女人煎饼的一个县妇联的女干部知道了女人家里现在已难到这种程度，替女人申请了救助，又跑民政局为男人和女人申请低保，跑教育局为孩子申请贫困生补助……

女人掉着泪花儿千恩万谢，不知道说什么才能表达心里那份想表达的感激，妇联的女干部说："都是女人、都有家、都有孩子，大姐，什么也别说了，小家遇到了难处，大家就应该来帮……"

女人擦了泪，摊一张煎饼，放上三个鸡蛋："大妹子，以后你要吃煎饼、你们一家人来吃煎饼我都不要钱了……”

女干部笑：“大姐，那我可是再不敢来了……”说着把事先准备好的零钱塞进女人的围裙里。

这年春天，女人一家搬进了廉租房。政府的干部们来慰问，在楼下碰到女人和一个七十多岁的老太太在储藏室里收拾东西。

半屋子的废品破烂。女人说：“我不让她去捡，可娘每天还是弄回来一大堆……”

老太太说出那句：“儿媳妇一个人不容易，我这没用的老太太能干点儿啥就干点儿啥吧，多的时候我一天能捡 10 块钱的废品呢……”

在场的人都眼热了……

一位领导模样的人和蔼地上去握住老太太的手说：“大娘，别担心。小家有难处、大家都来帮……”

老太太说：“等我孙子大学毕了业，挣了钱，我叫他还你们！”

人们都哈哈地笑起来……那升腾洋溢的笑声里：天那么蓝、云那么白，家园那么美好。

顶起千千万万个小家的天空，才能撑起国家的天。这样的中国梦才是温暖人间永远的梦！

看千针万线在鞋垫上盛开莲花

是我把你带到这个世界，所以我要对你负最好的责，只是命运偶尔残酷，或者怪我无意的疏忽，让你生来便有某种残缺。可是，你还是完完全全是我的，你不能成为最好的，但我会毫不犹豫给你最好的。

洒满阳光的午后，幸福小区 3 号楼旁的便道上围了一大群人。

原来是一个花白头发的老妇人正飞针走线在做绣花鞋垫。绣得的确漂亮，堪称民间工艺品。围看的人们都不由得发出一声声由衷的赞叹："真好看！""真漂亮！""你说人家怎么这么心灵手巧呢？""你这应该算工艺品。""你这得卖多少钱一双啊？"……

"不是卖的。"老妇人停下手里的针，抬起头笑呵呵地说道。"都是给孩子们做的。退休了，有的是闲工夫，就买点布头儿在家绣着玩儿呗！孩子们也都乐意要，我这可都是纯棉料儿的，花个块儿八毛的把买回来的布头儿洗得干干净净的，总比买的那个强。主要就是哄孩子们开心呗！上班混公事儿的，我就给他绣个‘前程似锦’，做买卖的我就给他绣个‘财源广进’，上学的就绣个‘学业有成’,有谈对象儿或新结婚的我就给绣个‘鸳鸯双栖’或‘蝴蝶双飞’，恩爱长久、白头偕老……”

“你这个要是拿到市场上去卖，顶少也得10块钱一双。”“对，顶少得10块钱！”有人重复地强调。“要是真拿去卖钱，那可就不值喽！我一星期才绣一双，一个月多了做五双，一双卖10块钱、一个月撑破天卖50块钱，合一天两块钱还不到……”老妇人笑呵呵地开玩笑地说道。

人们从老妇人的针线笸箩里拿出绣好的各色各样的花鞋垫又开始新一轮儿的赞叹，“哎！这双莲花的绣得最好，眼看着就跟真的一样！这是给谁绣的呀？”有人问道。

“给我儿子的。”老妇人平静地说道。于是，人们谈论的话题又由绣花鞋垫转为谈儿论女的家常。

老妇人是县城一所小学的退休教师，有三女一儿，三个女儿都有着不错的工作和家庭。老妇人说起任何一个来，骄傲之情都溢于言表。“那您儿子也肯定混得不错吧？”有人继续问道。“儿子不行，工人，在县城北边的化工厂上班。”老妇人的表情稍稍有些黯淡。

“那儿媳妇呢？您几个孙子孙女？”“离了。没孩子。”人们的表情不禁一惊。

原来，老妇人的儿子天生呆傻，老伴儿年轻的时候就走了，她一个人一边忙工作、一边带着四个孩子艰难过活。那一双绣莲花的鞋垫，我一下子懂了……

那是一颗慈爱、宽厚、坚强、豁达的母亲之心祈求佛祖保佑儿子平安；那是一个不幸的女人在悲过、愁过、苦过之后，不避、不馁，从容坚定地选择了勇敢、承担、积极、乐观，生活才回报她今天的“幸福”。

世间没有万能之事，唯有爱创造了无限可能

世间有万千美食，但唯有母亲的味道，是天下唯一不能替代的味道，因为那是只有母亲才能做出来的味道。那味道便是爱的味道。

星期日带5岁的儿子回乡下老家，母亲早早地就在村口迎着，看到我们下了车，脸上就有了笑，忙走了几步上来，一把把儿子抱了过去，她是太想她的小孙子了。

回到家，把儿子放到炕上，母亲脸上的笑还是那么灿烂，又亲又抱的，哄儿子开心，弄得小家伙儿都有些不自在了。

母亲说："宝贝，想吃什么，给奶奶说，奶奶给你做去。"

"我要吃可比克。"儿子脱口说道。

母亲脸上的笑一下子就没了，愣了神儿，不知儿子说的为何物。

妻子忙说道："乐乐，别瞎胡闹，咱不吃那东西，吃多了上火，要打针的。"

儿子却不听这一套，不依不饶地嚷着：“我就要吃可比克，就要吃可比克……”

母亲一脸的无奈：“啥是可比克？”

“就是一种小食品，薯片儿。”妻子解释道。

母亲说：“我去村里的小卖部看看有卖的不。”说着就往外走。却被妻子一把给拽住了：“妈，不能给他去买，光这样惯着他不行，再说这种膨化食品，吃多了对身体也不好……”

儿子听了就不高兴了，耍起了性子。

一边看着哭闹不止的儿子，一边看着坚决阻拦的妻子，母亲脸上露出为难的表情，但最后还是偏向了儿子，有点乞求地说：“给他买一点儿去吧，就这么一次，也不一定就怎么着了。”

但妻子还是没有让步的表情，其实我心里明白她也不是那么坚决地不让儿子吃这种东西，她是担心村里小卖部卖的这种东西十有八九是假冒的，要不就是过期的。

母亲的脾气并不怎么好，只是她只有我和弟弟两个儿子，没有闺女，所以和儿媳妇的关系一直处得不错，不想因为什么小事闹不愉快，当然更不希望她最疼爱的小孙子不高兴。

“这东西是啥做的，咱自己做行不？”母亲想找个另外的解决办法。

“就是烤脆了的土豆片儿。”我说道。

“嘿！我还以为什么宝贝东西呢，原来就是土豆片哪！这好办，这好办。宝贝别哭了，别哭了，奶奶这就给你做去……”

儿子听说奶奶给他做“可比克”吃，高兴地跑到一边玩儿去了。

快到中午的时候，母亲还真端上一盘“可比克”来，金黄金黄的，看得我和妻子也都惊呆了。我和妻子一人尝了一块，都不由得赞不绝口。

“妈，你可真行啊！”

“妈，你是没去学厨师，要是学了，肯定是一位金牌大厨！”妻子又一连吃了好几块之后说道。

母亲也高兴地笑了。

把正在外面疯玩的儿子叫回来，望着奶奶给他做的“可比克”，儿子开始有些不高兴，说：“这不是‘可比克’。”不肯吃。

母亲说：“宝贝，你尝尝，你尝尝，宝贝……”

妻子拿了一块放在儿子嘴里，他小心地咀嚼着，还没等咽下去，就一下子把盘子搂到怀里去了，谁也不让吃了。

母亲开心地笑了，脸上有骄傲的表情。

那年学习不怎么样的我只考上了个专科，本来就不愿意再上了，还要7000多块钱的学费。可是母亲却坚持。她不知道所谓专科其实就是最不行的学校，她似乎只知道考上了就应该不错，所以她不顾家里所有人的反对，把家里唯一的一头耕牛卖了给我凑够学费。

至今我都难以想象，在那两年里，家里的十几亩地是怎么一季一季耕种过来的。那么不爱求人也不善于求人的她，一定求了很多的人。后来我才知道，几乎村子里每一家的孩子过“十二天”或做生日，她都抢着给人家去做饭，哪怕她只是借过人家一次耕牛或是用了人家一回耙犁，做饭的手艺也因此而一天天地练出来了。

可是，到现在，我还不知道可以拿什么来回报于她呢？因为去年我买房还向她伸手要钱。而我知道当时她手里根本没有多少钱，才翻盖了老房子，买了不得不买的农机。我唯一知道的就是她手里有当年卖棉花的钱。我说“差两万五”，她却为我准备了 4 万块，卖了棉花，人家都是花钱消费，而她却还要四处借钱。

感觉自己就和嚷着要吃可比克的儿子一样，一直在要，而不知道什么时候才可以给，有些困境让我无助，而母亲所做到的就是永远不让我的人生里有“无助”这个词。

现在她每隔一个月，就会亲自或托人为我捎来米面蔬菜，她是怕我过得太苦。在别人眼里，她是贫贱的角色，然而在儿的心里，她一直都那么高贵。

天下父母一样心

天下虽然有着万般不同的儿女，但天下却有着万万千千一样的父母，这一样，不是说他们都高贵，他们都富有，而是他们的爱都是一样的。可怜天下父母心，天下父母都痴心。

最近，搬了新居，老城区住了十几年的那两间小平房就空了下来。这样的房子卖不好卖，只好生心往外租，多少换个油盐钱。广告贴出去两个月后，房子租出去了。

房客是从乡下来的一家三口，男人看上去50岁左右的模样，女人有40多岁，脚有些跛，奇怪的是他们的女儿只有11岁，上小学五年级。这不禁让人会猜疑肯定有什么故事。我问男人来城里打算干点儿什么，靠什么生活。男人脸上露出些拘谨，害羞地说“还没想好”，女人忙过来笑着插一句：“有两双手，不怕没有饭吃！”她的话虽然说得坚定而自信，但我还是不免担心他们交不上房租。本来我还打算让他们交一年的，一看这情况我就说先交半年的吧。

谁想到女人赔了一堆好话，又说了一堆理由，反正都是乡下人没钱，来了还没找到活儿干之类的理由，非要 3 个月一交。没办法，看他们也怪不容易的，只好应允。可谁知，3 个月后，我媳妇去收房租，一脸气啾啾地回来了。

媳妇说，钱不但没收来，还生了一肚子气，说他们为了省钱，不用煤气、也不烧煤，在院里盘了一个泥灶，从乡下拉了半院子的柴火烧水做饭，把墙都熏黑了。我问:“那他们说什么时候交？”媳妇说，他们说再缓个十天半月的。我安慰媳妇说:“半月就半月吧，半月到了，不交房租就撵他们走。”

可是，周末的时候，我送女儿去艺术学校学舞蹈，却撞见女人和她的女儿也在。更让我吃惊的是，她女儿报的竟然是这里最贵的芭蕾舞班。

意外撞见的那一刻，女人显然有些慌张、尴尬，红着脸吞吞吐吐地说:“孩子愿意来，就送来了……”

我只好冷着脸“哦、哦”地应付答话，转身想，“装穷叫苦，没钱交房租，竟有钱上这种贵族特长班？回头儿非找他们去理论理论不行。”可是还没等我去，当天中午就接到了男人的电话。

男人说水管坏了，让我过去一趟看怎么修。我一听这个，心里就来了气，心说:“修你个头，等我去了非把你们轰走不行。”

结果去了，更可气的是水管没坏。

男人和女人一脸的讪笑，要我在他家喝酒、吃饭。我一看桌上摆满了那种街面上买来的廉价小菜，酒是一瓶十元的当地白酒。我心想这肯定是因为在艺术学校撞见了，怕我以为他们没钱给我交房租，却有钱给孩子报贵族特长班，觉得理亏，用这种办法来应对我。

我没给他们好脸色，冷冷地说：“你们还是把房租交上吧！”

女人和男人又生拉硬拽一番，死乞白赖地摁下我，要我喝了酒、吃了饭再说。看着那个男人像个孩子一样的乞求，让我无所适从。

他们说村子里的学校都黄了，老师也都走光了，几十个村子的孩子要集中到乡里上小学，且多是些上了年纪的老头儿、老太太，没有正式学历，教法也死板陈旧，孩子们都不喜欢，年轻的老师都跑到了城里的学校来。城里的学校好，教得好，老师也年轻。女人说，其实开始也没想要孩子学什么舞蹈，只是孩子从乡下来城里上学后，在学校里受孤立、没朋友，班里组织表演活动，女儿什么也不会，回来在家哭了一整天。去了艺术学校，女儿看见了跳芭蕾舞的，就说要学这个，可是又不想让孩子伤心，就只交了两个月的学费。

他们跟我说这事，没引起我的丝毫同情。但男人送我出来的时候，跟我说了一件事，让我有点心软了。

男人说，自己没有文化，只上到小学四年级，家里穷，三十八岁才结婚，不怕你笑话，这媳妇是征婚征来的，女儿也是她带来的，自己只想把她们留住，好歹是一家人家儿。

因为我哥也是 40 岁才娶了一个外地女人。

再送女儿去艺术学校，碰到那对母女，女人偶尔塞给我女儿一个苹果或两根香蕉。两个月后，果真再没碰见过。其间，她把房租也送到了家里来，只是都是些 10 块、5 块的零票凑的。

一天晚上，我正在客厅里看市电视台的一个公益选秀节目，却让我们大大地瞪了眼睛，竟然有那对母女。

那个十一岁的孩子在台上的表演，说实话有点蹩脚，因为台下零星的掌声说明了这一切。主持人问她学多长时间了，孩子说她只在培训学校上了两个多月，因为学费太贵。

主持人觉得应该煽情了，就把孩子的母亲请到了台上。

女人说，他们一家从乡下来县城，就是为了让女儿能接受好的教育，但生活艰难，男人没什么技术，每天骑一辆电动车从城里到乡下往返，因为地里的庄稼还不能耽误。农活儿不忙了，男人就在城里找些零活儿。自己来了之后，在饭店洗过盘子，在小食店里蒸过包子，送过门店小广告，现在在一家超市的蔬菜区给顾客称菜，每月有1200多块钱的工资，关键是能每天晚上捡些便宜菜回家。晚上还接些糊包装盒的手工活儿，每天也能挣八九块钱，贴补家用。孩子学跳舞，其实就是因为在班里没同学跟她玩，很受孤立。但学费又贵，所以后来就自己在家对着妈妈买来的碟片练，没有练功房就去超市练，因为超市门前有个护栏和练功房里的练身杠差不多高……

说到这里，女人让孩子抬起一只脚，把孩子的一只舞鞋脱了下来，孩子的脚掌缠着纱布，纱布上满是血迹。女人在台上失声痛哭："家里和超市前都是冰凉的水泥地，为了来参加比赛，血泡都磨破了……那一只脚也一样……"

女人说："其实说句实在话，我们在电视里看到消息，来参加节目，并不是想拿什么名次，就是想看看能不能挣几千块钱公益金，给孩子买身像样的舞蹈服、买双新舞鞋，能再交上几个月的培训费。因为来参加节目的这身舞蹈服是跟一个同学借的，舞鞋是在艺术学校里捡来的别的孩子用坏了丢弃的。孩子来之前就跟我说'一定会争气！'"

全场静默片刻，随之而来的是如潮的掌声……

主持人眼睛也湿润了，动情地说：“我想，我想这掌声不仅是献给这样的孩子的，还有这样的父母！尽管天下的父母是有分别的：身份、地位、贫富……但给出的那份爱应是毫无差别的……”

看着镜头，我眼睛也湿热湿热的。我想等她们回来后，请她们来家吃顿饭……

陈酿的爱，才会历久弥香

没有一个男孩子是没有叛逆过的，好多的父子甚至“反目成仇”，但最后却都走向了宽容和原谅，是生活教他们懂得了不能任性，是亲情叫他们永远不可能决然分离。

小武大专毕业后，进了乡政府上班。人老实又勤快，以单位为家，经常主动打扫政府大院的卫生，领导多次表扬。可有个事儿很奇怪，小武的家虽然离乡政府只有六七里路远，但小武却很少回家。

小武不愿意回家，是因为家里有个“酒鬼”父亲。

小武的爸爸喝酒，一天最少两顿，除了感冒发烧，没有一天不喝得酒气熏天、东摇西晃的。更要命的是，他喝了酒后不是老老实实地睡觉，而是连哭带骂，把家里搞得鸡犬不宁。家里人要是躲出去了，他就到街上去闹，串门儿去闹，吹一些牛、骂一些人，几乎把村里所有的人都得罪了。日子久了，再没有人愿意和小武家来往了。可越是这样，小武的爸爸喝得就越凶，喝了以后骂得更响、哭得更加丑态百出。

小武一直没处上对象，多数情况，一开始是人家女方对小武本人并没有意见，但一打听小武家里有这么个“酒鬼”父亲，就都退缩了，不久便找个理由不同意来往了。有热心人再为小武说对象时，不是丑就是矮、要么没工作，小武感觉就像是被歧视、被愚弄了一样。小武的心慢慢凉了，但更多的是恨，恨自己有这么个“酒鬼”父亲。

小武不愿意再回那个家，就长期地这么蜗居在单位里上班做事，下班上网。一天又一天……

今年，小武甚至连年也不想回家过了，但这年的大年三十，小武丢人丢大了。

小武父亲喝得酩酊大醉，来乡政府砸小武宿舍的门：“你还知道有我这个爹不，你还知道有家不，你个混账玩意儿，人家儿子都回家过年，我他妈在家过蔫……”

在乡政府大院里住的人都跑出来看，小武真恨不得找个地缝儿钻进去。后来还是门卫的老大爷把小武爸爸拽到自己屋里，听他云山雾罩地胡乱侃了一通，待酒劲儿慢慢下去了，就在人家那里睡着了，雷鸣般的呼噜打得震山响。

小武被值班领导叫到办公室，一脸纠结的小武像个霜打的茄子。领导说：“小武，今年你别再值班了，回家过年吧，老这样不好，影响也不好。我这里有两瓶酒，你拿回去，劝劝老爷子，酒可以喝，但要少喝……”

领导拿过两瓶当地产的白酒往小武的怀里塞。

小武哪里敢要，后来领导说这就算你的值班补助了，小武才收下。

这年的三十，小武回去了。

回到家，小武恶狠狠地把那两瓶酒重重地摔在爸爸面前："喝吧！喝个够。早晚有一天喝死，你就不喝了……"

那一个年，小武的家里静得出奇，爸爸竟一滴酒也没沾。

过了年，回到单位，领导关心地问小武："你爸今年没再喝多吧？"

"没有。"小武低低地说。

从那以后，小武的爸爸真的就没有再喝过酒。

两年后，小武因为工作出色，被调进了县委宣传部。在镇上为他饯行的席间，小武才知道了他一直都不知道的一件事。原来，那天，他爸喝多了到乡政府闹过之后，在门卫那里睡醒之后，被新来的领导叫去了。小武爸爸没想到，新来的领导竟然是小武爷爷战友的儿子。

"老哥呀！小武是个不错的孩子，有才华、工作也努力，可就是因为你们家，因为你这个酒哇……我不说，你也应该明白吧。小武也老大不小的了，早该成个家了。你难道不想早一天抱上孙子吗？"

"我想啊，我天天想，夜夜盼，可小武这个混账东西就是一直不找，看着人家的孙子都满大街跑了，我心里能不难受吗？我……"

"我也打听了一下，他哪里是不找哇，可是人家女方一打听你们家的情况，一听说你……老哥咱过得不都是孩子的日子吗？为了孩子，先把这酒戒了吧。一天不行两天，两天不行三天，三个月，三年，把日子往好里过一点，我给你贷点款，你搞点养殖什么的……"

听说了这件事，小武倒了满满一大杯干了，对领导说："叔，谢了。什么也不说了，以后县里我这口儿上有什么事，只要我能做到的，你尽管吩咐就是了……”

那天，从没喝多过的小武头一次喝多了，才清晰地发觉，原来喝多了并不是传说的飘飘欲仙，而是很难受。事后，小武开始重新审视父亲的大半生，审视他这个家，也审视他自己，他便多了一些新的理解和感悟。其实爸爸的心里是有苦哇，尽管他有一身的毛病。小武家穷，并且不幸，有一个智障的弟弟，母亲是个木讷的农妇，父亲的心里其实也有那么多说不出的苦与难。可是，在戒酒这件事上，他真的是决绝而义无反顾。因为从那个年三十到现在他已经有快 3 年没有沾一滴酒了。

小武有对象了，是一个小学的老师，虽然不是很漂亮，但也文静秀气，关键是温柔善良、懂得理解、宽容。明天小武就要带准新娘回家了。小武想，这回就让父亲喝一点，打开那两瓶三年前被他重重地摔在爸爸面前，而爸爸却一直未动的那瓶酒。也许那已不仅仅是酒水了，而是爱的陈酿，他想那味道一定很香、很香……

爱的钥匙，才能打开锁住的心

生活在这世间，没有谁能保证自己不受伤害，一些伤害让你把心锁上了，唯有等到一天，找到那把爱的钥匙，才能把它重新打开。

上午八点半一过，持续热闹了一个多小时的小城街道渐渐安静下来，上学的上学，上班的上班，都已陆续各自就位。十字街口卖煎饼的梅嫂也准备收摊儿，梅嫂还是像往常一样，关掉炉火，用饼铛的余热温着煎好的最后一个煎饼，一边数着纸盒子里的零钱，零钱叠好，梅嫂抬手看了看腕上的手表。老鲁每日这个时候应该到了，可是煎饼摊旁边那几块地砖的位置依然空着。

老鲁是煎饼摊儿旁边修鞋摊儿的鞋匠，每天基本都是赶在梅嫂收摊儿之前到来，向梅嫂买一个煎饼，这已成了俩人长久达成的默契。

梅嫂不少收老鲁的钱，但那张煎饼里有照顾：比卖给顾客的煎饼里多一个鸡蛋。老鲁并不知其中奥秘，只是夸梅嫂的煎饼料足，松脆，还扛饿。梅嫂也只是说一句：煎饼烤的时间长一点儿，自然就松脆多了。

可是今天老鲁怎么“迟到”了呢？饼铛上煎饼已越来越脆，再不取下来，恐怕都脆成锅巴了，吃了会上火：取下来，又怕不大工夫就凉了，老鲁胃口不好，吃了怕他胃痛。

梅嫂正迟疑着，抬眼就见老鲁骑着那辆人力三轮车改装的电瓶三轮从对面的街口晃了过来。梅嫂的胸口一起一伏，舒了长长的一口气。梅嫂麻利地往煎饼里放好油条、撒上葱花、咸菜、辣酱，卷好，装袋儿，此时，老鲁也在煎饼摊旁停好了车，从车上往下搬东西。“不吃啦？”梅嫂手里拿着煎饼递给老鲁。老鲁被这一叫，回过神来，有些歉意地慌忙回过手来接过梅嫂手里的煎饼。“怎么今儿晚啦？”梅嫂一边收拾着自己的摊子一边不急不缓地问。

“唉，还不是跟那小兔羔子置气！一天比一天不让人省心了。”老鲁一阵长吁短叹里还透着未消的恼怒。

“你也别老顽固你那一套，孩子大了，有了自己的主意也是正常的，你爷儿俩整天这样气呀气的，谁都舒服不了，再说什么事也不是置气就能解决的。”梅嫂不温不火地叨念着，摊子已收拾利落，骑上电瓶三轮走，回头又交代了一句：“煎饼赶紧吃，一会儿凉了。”

梅嫂给老鲁的煎饼一开始本没打算收钱，可老鲁非坚持给。起初梅嫂只不过是想还老鲁的人情，两年前梅嫂从乡下来到城里，到街口摆煎饼摊被城管罚没过三轮，被同行欺负哭过，是老鲁看不过去，站出来替梅嫂这个不容易的乡下女人说过话，挡过麻烦。

快到中午的时候，梅嫂又准时来出摊儿，老远就听见老鲁的叫骂声。

梅嫂急急地来到跟前，慌忙地跳下来，上去劝阻：“又为嘛呢这是？怎么又吵起来了，老鲁！不跟你说了吗？别置气、别置气！你看你又……”转脸又去劝抚另外一个：“小军，你都15岁了，别总在大街上跟你爸吵，这样不好，人们都看着呢。”

“关你屁事！你少操点心。”梅嫂没想到被小军噎了这么一句，本来还热心热肠的脸一下子僵住，心里憋住一口气，半天没喘上来。

梅嫂更没想到，老鲁气炸了一样，“啪”地抡了小军一个嘴巴：“混账玩意儿！你会说人话吗？”梅嫂下意识地伸出手阻挡，还是没阻挡得住。

挨了打，小军敌视了老鲁和梅嫂一眼，“呸”地吐了一口唾沫，转身风一样的跑了。

老鲁又气坏地骂，青筋暴跳、嘴唇颤抖。梅嫂小心地问清了缘由。原来，是小军要参加县里的中学生篮球比赛，要买一双350块钱的名牌运动鞋。老鲁没同意，说：“你打篮球能打到重点高中去？整天鬼迷心窍，你怎么不用点儿心思把你那功课弄上去……”

以往，老鲁也是常这么数落功课学得一塌糊涂的小军，小军都是以装聋作哑来应付，不知怎么这回跟老鲁急了眼。

梅嫂猜不出个中缘由，只是说：“350块是贵了点儿。”

老鲁一个人带着小军生活了9年，小军妈是在小军6岁的时候走的，那一年，老鲁因为替人出头儿，跟一帮小混混儿打架，被打残了一条腿，家里也让那帮人砸了个稀巴烂。小军妈对这个家彻底绝望，一走了之。

5年之后，小军妈跟着一个外地做服装生意的小老板回来，要带小军走。老鲁说：“你抛夫弃子5年，还有脸回来要孩子？”

小军妈去法院起诉离婚，抱着11岁的小军哭了一场，丢下5000块钱，走了。小军那时候，基本对妈妈没了什么印象，只是感到疑惑而害怕。最近，这两年，大一些了，才从街上人们的议论里知道老鲁当年也曾是这街上的一个小混混儿，整天游手好闲，没有正业，靠一些鸡零狗碎的打打杀杀糊口养家，自从那次断腿事件后，他很快在街面上没了“市场”，就像一个过了气的演员。知道这些真相之后，小军心里便有了“瞧不起”和怪罪，妈妈应该是被老鲁“气”走的。

老鲁平日里跟小军也没话，基本就是“吃饭”“做作业”“睡觉”这几个命令的词儿。老鲁天天喝酒，5 块钱一瓶的劣质白酒，一天一瓶，多的时候，一天两瓶。

小军自 6 岁在这种命令式的环境里长大，也成了个没话的孩子。每天在家里机械单调地重复，然而在学校、在外面却常常生龙活虎地惹是生非，不是打人，就是被打，有人告到家里或被老师叫去学校，老鲁回来对小军又一顿打。但不管打得多狠，小军从来没掉过一滴眼泪。

腿残了以后的老鲁收过破烂儿、贩过青菜，都没赚着钱，酒钱都不够，到最后跟着街上修鞋，同样爱喝酒的老闫学了修鞋。老闫三年前脑血栓“瘫”了床，出不了门了，老鲁名正言顺地接了老闫的班儿。

修鞋这活儿，虽然每日风吹日晒，但不累人，收入也还行：细水长流。老鲁断了再找女人的心思了，当然，也没人愿意跟他。老鲁就剩下两个心思：一是能把小军供出去，好歹考个大学，给自己争张脸；二是等着自己的那三间小院能拆迁，自己不要楼，要钱，这钱将来给小军在大城市买房结婚用。

可是，这个小军偏偏就不争气。眼下小军正上初二，学习不上进，还三天两头跟人捣乱打架。有点像当年的自己，越像自己，老鲁就越恼火，自己完蛋的一辈子就是这么造成的，要是小军也这样，他真没脸在街上活着。现在，两个人基本就是敌对的“战争状态”。

三天里，梅嫂不时地劝一下老鲁：“要不就给他买一双。”老鲁梗着脖子说：“我要惯他这一回，他还不上天？不买！”梅嫂还是耐心地劝：“我虽然没孩子，但我觉得孩子也不能像你这么个管法儿，整天跟仇人似的，哪里还像父子。给他买双鞋，又不是叫你向他低头。”

老鲁还是不为所动。第四天头儿上，梅嫂对老鲁说：“要不，我给你出个主意，我听说富达街上有家店是专门卖‘名品折扣’的，不贵，你去那里给他买一双。”

老鲁听了不屑地说：“我一个修鞋的，还不知道那个，都是‘假名牌’，专门哄要‘虚脸儿’的人的那种。”

“你这人真是死脑筋，看着像名牌就行了呗，谁趴你脚下面去看是真货还是水货。你哄一下孩子高兴就行，到时候你说话，他就走心了。不像现在，你说吗，他都拿你不当回事儿。”

老鲁眼神儿一扬，看了梅嫂一眼，似乎觉得也在些理儿。梅嫂看他这样，知道他是同意了，就忙说：“你给我看着点摊儿，我去给他买去。”

没多会儿，梅嫂拎着一个鞋盒子回来了，丢给老鲁：“你看看，哪里能看出是假的来？”老鲁拿过来左瞅右瞅，咧嘴苦笑：“哎，现在这人也真能耐呀，把假的造得比真的还真。”

“100 块钱买个皆大欢喜，多值！你不能那么老顽固。”梅嫂脸带着笑。

老鲁心里也有了舒坦，佩服梅嫂，到底是女人，心细。两个人还有说有笑地聊起了闲话。梅嫂说：“这人跟人哪，交往、说话，其实就差一把钥匙的事儿，用对了钥匙，什么都痛痛快快、顺顺利利的，用不对，你使多大劲儿，都是白搭。”梅嫂说这话的时候，看了老鲁一眼，脸还红了一下。老鲁看过来的眼神，似乎也被什么撞了一下，心里撩起某种欢喜的不安。

梅嫂尽管也是个可怜的女人，但还算乐观。梅嫂老公长年在外打工，打着打着就打出了别的女人，明目张胆地领那女人回来，直接跟梅嫂提出离婚，理由是“梅嫂是个不下蛋的鸡”，结婚5年没怀上孩子，看了，是她的毛病，治了，没治好。梅嫂也哭也闹了一番，但娘家没人，只有两个姐姐，日子混得都不行，没人愿意给梅嫂出头儿，梅嫂只好认了，没有寻死觅活，倒要起强来，一个人跑到城里，说要靠双手挣钱，还要挣大钱，活出个样儿来给嘲笑她的人们看看。

但“说是一句话，做是万事难”。梅嫂摆煎饼摊儿没少挨欺负，好在碰上老鲁这么个人给她挡事儿、撑腰。日子长了，她觉得老鲁除了腿有毛病，爱喝点酒，也没别的不好。一个老爷儿们能叫人觉得可以依靠，应该差不到哪儿去。

梅嫂的心思，老鲁不是看不出来，老鲁装糊涂，老鲁装糊涂不是不想，是怕，一是怕小军；二是怕人心不稳。他那等待拆迁的三间院子是他的命根子，是他能留给小军的唯一支撑。那也是他想当好这个爹的唯一资本。

电话是傍晚老鲁和梅嫂高高兴兴地打算收摊回家的时候打来的，小军出事儿了。

老鲁和梅嫂心急火燎地赶到一条胡同口时，小军正蹲在地上被一帮人围着指指点点，有的人骂，有的人嚷着要送他去派出所，一个老太太正眼神慌张地发抖。老鲁在指责谩骂声中听清了缘由：小军竟然光天化日之下抢了老太太脖子里的金链子。老鲁上去就是一顿打："你个小兔崽子！你长能耐了……"

梅嫂在后面不停地扯老鲁，扯不住。

但人们还是不肯罢休，坚持要送小军去派出所，说他抢一个70岁老太太的东西，太不人道了，要不给他点教训，长大了还不知犯什么事儿呢。小军也吓傻了，哭了一脸的泪，老鲁还没见他这么哭过，脸上虽然还是痛恨恼怒，但心里还是生了些不忍，不想送他去派出所。老鲁就连骂带问，问小军干吗干这混账事儿。小军只是怕得要命地说："别送我去派出所，别送我去派出所，我还得参加县里的篮球比赛呢，要拿了成绩还能当一中的体育特招生……"

人们听来听去，听出了故事，原来小军想买一双好点的篮球鞋去参加比赛，老鲁没给买，但小军很想通过这次比赛改变自己的命运，这是他唯一翻身的机会。于是小军生了歪心，在学校门口的小超市偷了人家300块钱，结果人家通过监控录像很快找到了小军。要把小军送派出所，小军害怕，求人家别报案，那小老板说，要不报案也行，叫小军还300块钱，另外再交500块钱作为罚款。3天之内交不上，照样送他去派出所。小军没办法，这才想用拆东墙补西墙的办法来消灾避难，学着电影里的镜头去抢老太太的金项链。

老鲁愣了，梅嫂也愣了，围观的人们也沉默了片刻，小军还是一脸恐慌地求人们别送他去派出所……

老鲁起身，一瘸一拐地走到老太太跟前"扑通"一下子跪下去了："大娘，孩子小不懂事，我这爹当得不合格，我给你赔礼道歉，求你说句话，给他个机会，派出所咱能不送了吗？……"

老太太一脸的慌张尴尬，吞吐着说："算了，算了……"

老鲁磕头如捣蒜，人们陆续地说三道四地转身走了，结束了这场“热闹”，小军过来扯起老鲁，喊出那声：“爸……”

梅嫂眼圈也红了又红，那张350元的一款名牌运动鞋的发票在裤兜里紧紧地攥成了一团……

天下烟火，茫茫苍生，愿相爱的人之间，永远别丢了那把爱的万能钥匙。

世间唯有爱的掌声最精彩

这世间，最后给你赞誉的人，总是最亲近的人，因为她只是由衷的欣慰，实际，她比任何一个人都更在乎你的好与不好。

周六早上，周玲刚赶到单位准备加班，母亲就打来电话说感觉身体不舒服，要周玲陪她去医院检查一下。周玲只好放下手头的工作开车回家，看见母亲正坐在沙发上发呆，眼睛红红的，像是刚哭过的样子。

母亲最近总是这样，莫名其妙的情绪不稳定，也去几家医院看过，都说是更年期综合征，没什么大问题。周玲只好带母亲去医院，再让医生给她吃个定心丸，安慰她一下。

到了医院后，挂号的时候，母亲说："小玲，咱们来也来了，你也做个常规检查吧，你看你整天加班加得脸色这么差。要真有什么问题，及时发现了，及时诊治或预防；要没问题就当一次体检了，也不损失什么。"周玲就顺从地说："行，什么都依着你。"于是就挂了两个人的号。

两个人先来到检验科做血常规检查，两个人采完血后，母亲说："我早上就感觉不舒服，没吃早饭，想来医院检查，可怕你又说我闹更年期瞎折腾，现在抽完血了，我饿得有些心慌，你去外面超市里给我买点面包、酸奶什么的，我在这里等结果。"

周玲转身到医院外面的超市买吃的。回来后，没想到母亲没在检验科窗口等结果，却跑到了一楼大厅里来，脸色还很难看。周玲问怎么了，母亲恼火地说："那个实习的小护士真不靠谱，把你的血样给弄洒了，说要你再重新抽一次。我跟她急了，血是随便抽着玩的吗？那么一大管子，得吃多少东西才能补回来呀。"周玲一听这事，就说："算了，算了，本来我也没打算检查，不抽了，只把你好好检查一下就行了。"说着，连忙催促母亲拿好手里的化验结果去找门诊医生。医生给的结果还是和前几次一样，只是嘱咐注意饮食，加强锻炼。把母亲送回家后，周玲一脸央求地说："妈，我最近公司事特别多，你身体又有病，少折腾点我吧。"没想到母亲竟然又像个孩子似的掉起眼泪，周玲一看这个，边忙道歉："好了，好了，对不起，算我没说，你想怎样就怎样，我随时恭候行了吧。"

周玲最怕的就是母亲这一着儿，只要母亲一不高兴，一掉泪儿，她就不忍了，母亲大半辈子不容易。周玲和母亲一对单亲母女，从 6 岁时，父亲就醉酒驾车出事儿去世了。当初，父亲的意外离世，周玲没伤心，倒有些庆幸，因为那时候，父亲经常酗酒，喝醉了还打骂母亲，她每次都吓得藏到衣柜里去。母亲一直没有再婚，并且这事给周玲也造成了很大的心理阴影，对婚姻有恐惧症，虽然谈过几次恋爱，但都以失败告终，如今 32 岁了，还没结婚，成了大龄剩女。母亲也替她着过急，但每次，周玲一说“自己不想有个失败的婚姻”，母亲便惭愧地不再言语了。

现在，周玲什么也不想了，只想拼命地工作，在事业上干出一番成绩，好让母亲的老年生活有所保障，可是最近母亲闹更年期，真是搅得她也有些心烦意乱，她希望母亲能尽早地恢复正常。可是，一个多月后，一家电视台联系到周玲的时候，周玲一下子傻了。

“开什么玩笑！”周玲气呼呼地跑回家，紫着脸质问母亲，“你是不是折腾得没边儿啦？”原来，这家电视台的一档寻亲节目找到周玲，说她可能是被拐卖的儿童，希望她能配合节目组寻亲。周玲当时就蒙了，问这是谁说的，节目组说是她母亲给她报的名，还采了血样。面对周玲的质问，母亲一下子大哭起来：“我的确不是你亲妈……”母亲说一个月前去医院采血，只是她想的一个办法，因为怕直接给周玲说，到时候又找不到亲生父母，会让周玲受打击，搅乱她的生活，所以才想了个偷偷采取对比血样的办法，心想如果找着了更好，找不到就这样安心过下去。现在血样对比有了结果，周玲的亲生父母有了消息，她又高兴，又伤心，高兴的是终于找到了周玲的亲生父母，伤心的是舍不得女儿。母亲说自己当年不孕不育，父亲一直为这事怨怒她，无奈之下，当初从一个人贩子手里买了周玲，但是家庭关系还是没有得到改善，还给周玲造成了很大的心理阴影，到现在还结不了婚，就觉得很对不起周玲。前些日子，无意中看到一个寻亲节目，看着那些亲人重逢的一幕幕催泪场景，看一回哭一回，还不敢直接告诉周玲，但打心里愿意找到周玲的亲生父母，希望能为周玲解开心中的疙瘩，好有一个完整的人生，怕自己哪一天不在了，周玲一个人在世上孤单、不幸。所以，才瞒着她想了这么一着儿。母亲说:“孩子，我虽然不是你亲妈，但我做了你这么多年的妈，我能理解当妈的心，你亲妈这些年肯定忍受了太多的痛苦，那会是她一辈子都放不下的事……”

周玲也哭了:“妈，你说你非折腾这个干吗呀，你就当没这回事儿不一样吗，咱娘儿俩不照样能过得好好的吗？……”

母女俩抱头痛哭。

半个月后，周玲去了那档寻亲节目，坚持要带上母亲一起去，母亲起初不肯，周玲坚决地说:“你不去，我也不去了。”录制现场，周玲的亲生父母死死地抱住周玲号啕大哭，周玲也不自觉地掉下眼泪。主持人向人们讲述着周玲母亲支持和帮助周玲寻找亲生父母的故事，然后请周玲的母亲上台，周玲一下子扑过去，抱住母亲哭得更凶了……

主持人说，感谢有这么一位伟大的母亲，是母爱的本性让她做出了如此不凡的选择。周玲的亲生母亲连忙走过来，向周玲的母亲深深地鞠了一躬，含着泪说:“感谢你，大姐，真的很感谢你……”

“谢什么呀，说这话就见外了，咱都是当妈的人，心里装着的事儿都是一样的……”周玲母亲也不停地哽咽。周玲忙上前一手牵住一位母亲的手说:“我们都不要伤心了，这是值得高兴的事儿，我有了两个妈妈，我一定会比别人幸福两倍，我也要努力得到两倍的幸福的，妈妈放心。”全场无人不落泪，还有掌声如潮。

这是给母爱的掌声。

05

第五辑

那个爱字我没说，但一直在心里

我其实最想说爱你，可是我觉得太胆小，我怕我做不到那么好；所以，我唯有拼尽全力，努力对你好。等我爱到已是足够，我想已没说的那个必要，因为我已经很爱你了。因为我相信，即便我不说，你已分明地知道。这样，我便安心，把那一字之爱，牢牢装在心里，一直陪你到老。

原谅我羞于说爱，只好努力去爱

并不是世间所有的爱情都有精彩的浪漫，多半不过是在平凡岁月中默然相守着烟火平淡，或者是为想要的日子以及应尽的责任负重前行。只是在这当中，两个人能共患难，相濡以沫，不孤单。

男人和女人来自城郊的乡下，每天起早贪黑，凌晨3点多就得从家里出发，开着那辆二手三轮农用车到50多里外的蔬菜批发市场去批菜，然后在清早赶回小城的早市，出摊儿。

每次贩菜回来，男人和女人都会在街边一个窝棚式的小包子铺吃包子。

每次，女人都会要4个包子：两个肉的、两个素的，女人总是匆匆地吃完两个素馅包子，把两个肉的留给男人。男人有时候会说："你也吃个肉的，挺香的……"女人说："你吃吧，太腻，我不爱吃……"

每次看着男人吃饱的样子，女人的心里就觉着踏实。只有男人壮壮实实的，这个家才能一步步地撑下去。两个孩子一个上高中一个上初中，都要花不少钱，以后要上大学花得就会更多，得趁现在还不算老，多挣一些钱，把他们都供出去。

其实，女人不是真的不喜欢吃肉包子。每次女人回娘家，娘都说："妮儿，你太瘦了，得多吃点肉才行，再难也不能亏了身子，身体才是最长远的本钱……"娘说这话的时候，眼睛总会湿上一阵，她就忙笑着说："你看你，娘，我还不知道个吃……"其实心里也有酸酸的感觉泛上来。

娘买回好多肉给她蒸肉包子吃。女人每次都能吃好几个，高兴地说："还是娘蒸的包子最好吃，肉又多又香也不腻，真好吃……"走的时候，女人总忘不了给男人带几个回去。

贫贱夫妻的生活里，也许什么都不重要，最重要的只有那"依靠"两个字。

可是有一天男人突然地就病倒了。医院里，女人伤心难过、焦急万分。

女人纳闷自己的男人一直都是能吃能喝、壮壮实实的，怎么说病就病了。

男人得的是"冠状动脉栓塞"引起的突发性心脏病。女人问大夫，会不会是起早贪黑累的。大夫说，这个关系并不太大，就问了问男人的饮食习惯，女人照实说了。

大夫说，不该给他吃那么多肉包子，尤其是外面小食店里的，猪油太多，长期食用，就会对心血管、心脏不好……

男人一直昏迷不醒。守在病床前的女人，看着一天天憔悴下去的男人，泪总是忍不住满了面，不停地埋怨自己，后悔不该一直让男人吃那么多外面小铺里的肉包子。

这天早上，大夫下病危通知的那一刻，女人感觉整个世界都塌了，撕心裂肺的哭号声响彻了整个楼道……

女人回到家一样样地收拾东西，想把屋子和院子都打扫得干干净净的，把男人的后事办得体面一些。女人怎么也没想到，会在床底下最里面的旧鞋盒子里发现那张从来不知道有过的存折，还有那张短短的字条：

翠芳：原谅我结婚前瞒了你一件事，我有先天性心脏病，7岁那年动的手术。我知道自己活不了那么长，而这一天什么时候会来，我预料不到，但我知道那只是迟与早的分别。所以我只有多吃，让自己尽量地壮实一点，能够多活些年月，能够为你们母子多尽一些力。我偷偷地存下这点儿钱，是怕有一天，我真的撒手走了，你和孩子不至于那么难……

看着男人不知何时偷偷留下的话，还有那张存折，女人扑倒在地上，泪又一次涌满了眼眶……

世间最好的爱，就是爱到如亲人一般，凡事只是多为对方考虑，而将就自己，甚至敢于为爱的人，付出自己全部，这便是人间大爱的勇敢。

也终不负你们相遇、相识、相知、相守一场。

遇一人白首，择一城终老

年轻的时候，总觉得日子很长，很多事，今天做不了还可以明天做；直到有一天老了，才发现来日真的无多，只好努力着不离开，叫你不孤单。

二楼住着一对70多岁的老人，老头儿75岁，老妇72岁。

老头儿从一个早已破产了的企业上退休，每月领着1000多块钱的养老金，老太太没有退休金，年轻的时候在村里种地，老得干不动的那一天跟老头儿搬进了城里。

原来他们一直住在只有两间房的厂区宿舍。3年前，把攒了一辈子的钱都拿了出来，才搬到这座80多平方米的楼房里来。

老太太年轻几岁，身子虽然比老头儿要硬朗，但耳朵却背掉了，跟她说话，只有大声嚷才能让她听个大概。

老两口出入都是在一起的，几乎不离左右。

老头儿拿了马扎在前，老太太拿了凳子在后，每天去小区门口空场的“老人堆儿”里凑个热闹。

也许只有如此，日子才不至于太过寂寞。儿女们都出息了，远在外地，最近的一个也是在300多里地的省城。

每天，每当看到老头儿和另外的那些老头儿说古道今、扯东谈西，白话热闹了的时候，老太太就静悄悄地离开一小会儿。

她是去小区的垃圾箱里翻找一些可以卖点儿钱的废品、破烂。倒不是她缺少那块儿八毛的几个油盐钱，儿女们轮流寄来的钱，他们应该是花不完的。应该是过惯了穷苦日子的她深深懂得钱的宝贵，更明白没钱的不易，才把每一分钱都看在眼里。

老太太去捡拾那些丢在垃圾箱里的废品，每次都不会超过十分钟就回来一趟，把那些东西放好，看看老头儿还在和别人谈笑，或安静地晒着太阳，脸上的表情就会安静而温暖。要是发现老头儿在打盹儿，就会用手指轻轻地把他捅醒。两个人互相“噢”一声。

老头儿心脏不好。想老太太定是怕老头儿万一有了情况，她耳朵不好使，听不到呼喊。

他们都老了，已走过了漫长的多半生，风风雨雨、坎坎坷坷的岁月过后，他们也许只剩下了默默无声的陪伴。

但正是这份无声的陪伴，成了他们垂暮之年最相惜相怜的依靠。

也许每一对平凡的夫妇，走到今天，都是如此。

这真的不像诗里说的“执子之手，与子偕老”那么美，但在那个一直陪着你的人的心里，有这么一份惦记：你在，生活就还在，世界便还在，心就是安的。

感谢你对爱的尊重

没有一个成年人的人生是顺风顺水的，成年人的世界没有“容易”二字，所以，他们只能努力坚强，更坚强，只为一步步更接近想要的未来。

而在这条路上，能给你理解和尊重的，便是你的贵人。

这天，大成来到一家出租车公司推销车险。在经理室，大成详详细细地向那个张经理介绍着各类险种，可人家就是不耐烦地只听不说。没办法，大成最后不得不使出了“撒手锏”，就是把自己的提成的百分之五十让利给客户，张经理才勉强答应，告诉他第二天 10 点半可来商量合同的具体事宜。

第二天，大成拿着合同兴高采烈地去了，可是当他满头大汗地赶到经理办公室时，办公室里竟然坐着另一个推销保险的人。张经理不好意思地对大成说：“真不好意思，兄弟，你看我也是给老板打工的，我得想办法怎么为老板省钱，同样的险种，人家给的优惠比你给的多……”

大成尽管对这种失信的人又气又恼，但还是强压着情绪职业性地客气说：“没什么，以后再有合作的机会还得请你多多照顾。”说完，一脸失落地往外走。

可大成走出门没多远，张经理却又追出门来笑着说：“我知道这事我做得是有些不讲究，我也不想说话不算数，毕竟我们没有正式签什么协议。不过生意做不成，我们还可以做朋友。不如这样，我中午请你吃顿饭吧？就当赔礼道歉。”

大成婉言谢绝，但张经理一脸生气的样子说：“你要不赏脸，那我以后可没法儿照顾你了。”大成只好答应，觉得多交往个人也没什么坏处，就答应了。

可是走到饭店门口时，大成却拿出手机打了个电话：“小玉，今天中午我回家吃饭……”

张经理一下子愣了：“哎？我说你这小伙子。你怎么这样，先前是我不对，但你也不能这样吧？没这么明目张胆放人鸽子的吧！玩儿这种小把戏有意思吗？”

大成一听这个，红了脸慌忙解释说：“张经理你可千万别误会，是这么回事……”

原来，大成和女朋友小玉两个人毕业后奋斗了8年，去年才刚刚攒够了一套小户型的首付，可小玉又意外怀孕了，本来是打算先不要，仍像以前一样去做流产手术的，但医生说小玉的状况再做流产恐怕以后怀孕就危险了。没办法，两个人只好咬牙挺过这一关。最近，小玉怀孕6个多月了，不得不辞了工作在家安心养胎，本来就紧张的日子一下子更加拮据起来，大成这才为一家保险公司兼职推销保险。为了多赚点钱，大成整天在外面跑，所以中午很少回家吃饭，而妻子小玉一个人往往就很简单地凑合一口，只有大成说回家吃饭才做得尽量丰盛一些。

大成知道了以后，特别心酸，更担心小玉的身体。所以每天中午 11 点左右，大成都会打电话给小玉说回家吃饭，等到感觉小玉差不多已快做好饭的时候，他再打一个电话说有紧急的事或者得与客户一起吃饭等等，回不去了。这样一来，小玉就只好把做得丰盛的饭菜尽量吃完，吃得又多，营养又丰富。一开始，小玉总是会给大成留一多半肉、蛋多的菜，因为她知道大成在外面也常常是啃凉面包，喝从家里带的凉白开，连袋咸菜都舍不得买。可是大成因为这个跟小玉生了好几回气。

因为家里没有冰箱，另外，关于吃饭他们家两年前就定了一个规矩：就是谁也不许吃剩饭、剩菜。因为大成的父亲两年前就是因为节俭、怕浪费，长年吃剩菜导致得了胃癌去世的，从那以后大成就让家里人不能吃剩菜，更何况现在小玉正是怀孕的特殊时期。

大成说得有些拘谨、害羞，还要张经理不要笑他，说他和小玉都是从农村贫穷家庭出来的孩子，也是没办法。

张经理瞪了圆圆的眼睛，一脸的惊讶，随后拿起电话说：“小刘哇，兄弟，你看真不好意思，你的那个保险我们先签一部分吧，我们老板又介绍了个关系，实在是推不掉……”

撂下电话，张经理对大成说：“吃完饭，我们签合同吧，把另外的一部分跟你们公司签……”

大成惊喜地瞪大了眼睛。席间，经理喝了两杯酒，眼睛有些湿润，仿感地对大成说人人都有遇到难处的时候，当年他们两口子从乡下到城里来白手起家也特别艰难，他们怀的第一个孩子就是因为妻子严重营养不良流产的……

大成喝下一杯酒，眼睛也红了，拿起电话："小玉，告诉你个好消息，今天我遇到一个好心的大哥，签了一个大单，我必须好好请人家吃顿饭，回不去了。你饭做好了吗？做好了你就多吃一点吧，馒头、米饭什么的你少吃一点，肉、菜、蛋什么的多吃，千万别剩啊，要不浪费了……"

张经理玩笑着说："你看，你说话又不算数了……"

大成也笑了："大哥，今天这顿饭说什么也得我请，你可不能再让我说话不算数了……"

两人哈哈大笑，又痛痛快快地干了一大杯。

如果这世界对我们无比残酷，请自己学着坚强；如果这世界给了我们一份幸运，请我们永远怀着感恩之心。

荆钗布裙，守一份柔善之心

“人生若只如初见，何事秋风悲画扇。等闲变却故人心，却道故人心易变。”年轻的时候，我们会轻易地喜欢上一个人，只是浩荡社会的烟尘滚滚，灯红酒绿的诱惑，我们能否守住那份一生只爱一人的执着。

唯有那颗良善之心，从未被石化，保留着最后的柔软。

16 岁那年，父亲因为说了句真话，被打成了右派，抓去农场改造，当年的冬天，就没能忍受住没完没了的揪斗折磨，从农场的水楼子上跳下来，摔死了。家里只剩下体弱多病的母亲和两个年幼的妹妹，一家人的生活就这样雪上加霜。

那时候在生产队上挣工分，母亲拖着病弱的身体只能挣二分。她用着一个 16 岁姑娘全部的劲儿跟着大人们去地里干活儿，工分最多挣到一分半。一家五口，吃饭都成了最大的问题，两个八九岁大的妹妹每天说得最多的话就是：饿。

她没别的办法，只好去河坡上挖野菜、爬上树去捋树叶，回到家用热水焯了，掺上生产队本来打算用来喂牲口的棒轱辘和高粱穗儿一块儿磨成的面给一家人吃，直吃得两个妹妹“大手儿”都解不下来，围着院子一圈圈地转着哭……她也跟着哭，恨自己不是个男儿身。

邻居大娘隔着墙头儿喊：“大妮儿，搬个凳子、拿个簸箕过来……”

邻居大娘扒着墙头挖了两升棒子面给她。她红着脸推说不要，邻家大娘佯装生气黑着脸说：“犟妮子，脸皮要紧还是活人要紧……”她便怯怯地接了，低声说了句：“大娘，等有了，还你。”

乡下人是很不习惯把一个“谢”字说出口的。

两年后，邻居大娘的大儿子当兵转业回来，在那时也称得上“荣归故里”，因为看不惯大队支书在村里骄横霸道、飞扬跋扈，生生火火地和支书干了一仗，愣是把支书赶下了台，但也因此受了处分，本来安置好的在乡政府的工作鸡飞蛋打了。他是个不安分的人，开始偷偷地做各种可以赚个小钱的生意：收鸡蛋、卖鞋底儿、走街串乡地卖爆米花……这样的折腾，的确使日子不难混，但却没有一家的姑娘愿意嫁到他家来，因为怕受牵连。

一日，邻居大娘包了饺子，隔着墙头儿端给她一碗时说了句：“大妮儿，男大当婚、女大当嫁，你看我们家大小子咋样……”

她一下子红了脸，啥话儿也没说出口。

一个月后，她从院墙西边被娶到了院墙东边，成了邻居大娘的大儿媳妇。

很快，改革开放。家家户户分了地，生活大变，日子有了奔头儿。但男人还是不安安分分地种地，仍然每天东跑西颠地做他的各种买卖：今天贩菜、明天卖布、后天买卖牛羊……最后在县城开了个煤栈，钱一天比一天挣得多，很快成了村里为数不多的腰缠万贯的“万元户”。她也跟着知足地觉得自己过上了好日子，只有尽心尽力地种好家里的地、伺候好早已在心里当成了爹妈的公婆。

可是变得越来越财大气粗、风光无限的男人，在家待的工夫一天比一天少了，不是整天和一些“有头有脸”的人喝酒打牌，就是说出门去揽什么大买卖。她想不通一个小小的煤栈为什么一年四季都会忙。直到有一天，一个亲戚说在县城看见了男人领着“红芳理发馆”的那个年轻、妖冶的女人在买衣服，她才如雷轰顶地明白：男人的心已不在她这儿了。

她哭了，但没闹。她知道，男人认准的事儿，没个回头。再者，她更怕公婆难堪、上火生气。伤谁的心，也不能伤他们的心，他们是自己一家的恩人，包括男人也是，男人花钱供两个妹妹从小学上到大学，进了大城市成了“国家的人”。

她只有把一个人的伤心全窝进自己的心里。

又过了几年之后，男人混得更好了，成了到处盖楼房的大老板，开着比县委书记还好的车到处跑，只有八月十五、过年的时候才偶尔回家。其实女人知道，男人在城里有了另一个家。

终于有一天，男人说：“我又有孩子了……我们离婚吧。”

女人长出一口气，因为这一天她早已料到。

她彻彻底底地哭了一回，跑到娘的坟上哭了整整一个下午，但回到家还是一点动静都没闹。直到第二天，她领了离婚证对婆婆说她要搬走的时候，婆婆瞪大了眼珠子，哭天抢地地让人把儿子叫回来，用拐棍打得他直到自己手上再没有一丝力气。

婚离了，但她还是没离开这个家。婆婆不让她走，婆婆说：“你这辈子就是这个家的人了，谁也撵不走你，除非天塌了、我死了……”

婆婆还哭着说：“孩子没爹了，别再让孩子没娘……”

她就一下子给婆婆跪下了，眼泪哭湿了婆婆的袖子。那年，儿子十三岁、闺女十一岁。

两个妹妹知道了后，怒冲冲地从城里赶回村里要找男人算账。她死死地拽着，说：“这账没法算得清，没他，你们过不上现在的日子……”

她就成了这样的女人：离婚不离家，管婆婆还叫妈、管公公还叫爸。

但从此，婆婆定下一个规矩：不允许男人带那个结了婚的女人进门，红白大事都不与那女人家来往。虽然爹娘还是爹娘、儿女还是儿女，但男人在这个家里倒像成了客人。好在男人也不在乎这个，男人身在江湖、胸怀四海，一心闯他的“大天下”去了。

时光荏苒、春秋更迭、岁月不老人渐老，女人也成了婆婆，但女人的孙子、孙女却从不敢当着老奶奶的面喊过男人一声“爷爷”，尽管男人总是偷偷地给孙子、孙女买最贵的玩具、最贵的零食、最贵的衣服……

倒是女人常常偷着把孙子、孙女哄出来，让男人这个陌生的“爷爷”领他们去玩儿。

这年，男人投资的一项大工程出了问题，倒了楼、死了人、来了官儿、来了官司……

男人把家底儿全赔出去，还欠银行 600 万元，男人又离婚了，因为小他 20 岁的媳妇说跟他过这样的日子等于等死。

一向健健康康的70岁的老娘连气带怕地突发脑出血，临咽气儿时对男人说:“人心不正路难正，山高路远多险坑。毁青苗、休前妻，后悔到老……”

现在，男人在一个驾校的训练场上看门，漫漫长夜和几只狗做伴儿。但他的一日三餐，是女人在家里做好了，给他送来……

有人说，那是她一辈子的软弱，其实只有婆婆和她自己知道，那是她一个人的坚强……

所有的慌乱尽头，其实都有一条退路

世间所有的暧昧都披着一件华丽的外衣，脱掉这层外衣，就是赤裸裸的欲望；如果这欲望任性地燃烧，快感的遮蔽之下，是一把冰冷的尖刀，伤害着另一个人。只是，上帝为每一场慌乱的迷途，都准备了一条退路，那退路就是一个转身。

建平坐在火车站的候车室里，心里满是兴奋。晚上 10 点的火车，再过两个小时，火车就要到了。他要出趟远门儿，去聊城，他是去见一个女人。因为下午女人发短信来说，想他。

这是女人第一次发这么动情的短信给他，看来女人是真的动心了。建平忍不住欣喜万分。女人确实是个令人着迷的女人，是在一次培训会上认识的，漂亮、有才华，和自己年龄又相仿。更幸运的是女人对自己似乎也颇有好感，两人相谈甚欢，并且都有相见恨晚之意。那次培训结束后，两人彼此留了联系方式：手机号、QQ，交流便这么一步步水到渠成地深入了，真得感谢网络呀！

想想，再过两个小时后，就可以把生命中另外一个女人拥入怀抱，一亲芳泽，建平心里按捺不住的兴奋。女人这次是在外地学习，绝佳的机会。看着候车室里大大的钟表，建平老嫌它走得慢。天不知什么时候下起了雨，建平瞅着候车室的钟表时针一步步地接近10。突然一个年轻女人挡住了他的视线，头发和衣服都被雨淋得有些湿了，可是怀里抱着的孩子身上竟然一点也没有湿。女人很漂亮，建平不禁多瞅了几眼。

女人抱着孩子在对面坐下来，孩子似乎只有七八个月大，还在吃奶。女人喂完了奶，把孩子放在膝盖上逗着玩儿。孩子“咯咯”的笑声很是动听，建平看着看着也跟着笑了，不禁想起自己儿子小的时候，也是这么可爱。

“多大啦？”

“228天。”

“嚯！记得这么准确。真难得！”抱孩子的女人浅浅一笑，但脸上却是一眼就能看出的幸福。“孩子这么小，这是去哪里？”“去石家庄。”“噢。回家呀，还是……”“不是，我家就是这儿的，是去找孩子他爸爸。”两地分居，建平很自然地想到这个词。

“孩子他爸做什么的呀？”“在部队当兵，一年也回不来一两趟，这次是他说想孩子了，但请不下假来。正好我放暑假，就只好我带孩子去了。您这是去哪里呀？”“我……我是去看一个朋友……”建平的脸不知怎么有些烫。看着坐在对面抱孩子的女人，建平的心有些乱了……

下午走的时候，建平对老婆说，他是和另外几个同学去邻城为一个升迁做了局长的同学庆贺。老婆没有怀疑，他没想到自己什么时候竟然可以这么脸不变色心不跳地撒谎。可是现在看着坐在他对面的这个抱孩子的女人，建平的心有些恍惚起来，他不是那种经常花心的男人。站台已开始广播：“开往聊城的 1156 次列车马上就要进站，请去往德州、莱阳……聊城的旅客抓紧时间检票，在 3 站台上车……”

“喂！同志，你坐的车来了，开始检票了。”对面抱着孩子的年轻女人对还在发愣的建平提醒到。

“噢！噢……”建平站起身来，但没有走向检票口，而是走出了候车室，向售票厅走去……

内心虽然有着阵阵的酸涩纠结，但终于渐渐走向平淡。

说好我们在一起

能遇见，是你们的幸运；在一起，是你们的责任；历经万难能守住，你们终将得到福报。

进城打工 6 年了，刘成终于实现了自己的梦想，注册了自己的装修公司，摇身一变自己当了老板。生意场上，刘成深知人脉和路子的重要。这段时间，刘成使出浑身解数，通过老乡、同学、战友等各种关系撒网式地接触有头有脸的人，然后出入高档酒店、娱乐场所宴请交流。好多有头有脸的人出来吃饭、娱乐，都带女人。一开始，刘成还有点不习惯，后来慢慢地竟然感觉自己像个异类了，不行，自己也得带个女人。正好，最近公司聘请了一个搞设计的女大学生，年轻漂亮，又温柔懂事，叫顾小洁。行，就是她了。

刘成开始像别的老板一样，只要有饭局就带着小洁去，小洁一开始还有点扭捏、推辞，但刘成说："这也算工作，去一次给你 300 块钱奖金。"小洁就眉开眼笑、大大方方了，有时候隔三岔五的没饭局了，小洁还来找刘成问：“今天有没有饭局呀？”搞得刘成哭笑不得，说小洁是个“钱串子”。

有了小洁出马，刘成还真谈成了不少生意，刘成心里分外欢喜。日子久了，这欢喜的内容自然而然地就增添了别的成分，况且刘成知道别的老板也都这样，刘成有些蠢蠢欲动。有几次，刘成带小洁出去，饭局结束后借酒遮脸地对小洁“示意”过，可是那小姑娘就像只聪明的兔子一样，既不惹刘成不高兴，也不让刘成轻易得手，总是恰到好处地和刘成保持着若即若离的距离，真是“一个甜桃吃不到嘴里”，把刘成的心折磨得上上下下的，不知怎么才好。没过多久，机会终于来了。

这天，小洁来到刘成的办公室，表情可怜地说要请几天假回乡下老家。小洁伤心地说父亲要做心脏搭桥手术，还面露难色地问刘成能不能预支几个月的工资，说家里条件不好，怕手术费不够。刘成觉得这是个好机会，得好好利用，于是马上就给财务打了电话，让财务给小洁支 3 万块钱。小洁感动得对刘成千恩万谢，刘成既大度又关心地说：“谁家还没有遇到难处的时候，你回去以后，有什么情况及时给我打电话，钱不够的话，我再给你往卡里打。”小洁感动得眼圈有些红，刘成瞅着小洁那楚楚可怜、梨花带雨的样子更惹人爱了，就禁不住从座位上站起来，摸过小洁的手说：“放心，有我呢，别怕。”小洁的脸一红，把手下意识地往回缩了一下，但又送了回来。刘成真想一把把她搂过来，但还是克制住了自己，在心里告诉自己“不能猴急，好饭不怕晚”。

刘成心想，等小洁过几天回来，钱的事，他就不提了，到时候自己再加把劲儿，不怕这小姑娘不就范，现在的女孩儿都这么现实物质，她小洁估计也挺不了多久。果然，一个星期后，小洁从老家回来，还给刘成带了一大包土特产。刘成一个从乡下出来的土豪，根本不在乎什土特产不土特产，他在乎的是以后小洁对他的态度。刘成意味深长地看着小洁说："你这几天肯定忙前忙后的累坏了，你看都瘦了，一会儿我给你接风，咱们一起去吃顿饭吧。"刘成就想在这顿饭上下功夫，把小洁拿下。刘成心里老早盘算好怎么办了。

小洁让刘成挑地方，刘成也不客气，就挑了一个价格适中，但地界偏僻，环境优雅的酒店。那个酒店，他和生意上的老板们常去，吃饭、娱乐一条龙。

席间，刘成说："小洁呀，你也得练着点酒量，咱公司的业务可都仗着你呢，再说你有学历、有能力、人又漂亮，前途不可限量啊，如果你表现好，年终我就把你提拔成业务主管。"小洁一听这个，一脸的高兴，两个人就推杯换盏痛快地喝起来，不一会儿一瓶红酒就喝完了，刘成又叫服务员拿来一瓶。两人又喝了半瓶，小洁说真的不能再喝了，有点头晕。刘成去吧台结账的时候，就打电话订了房间。

刘成结完账回来对小洁说，时间还早，要小洁陪他去唱会儿歌。小洁高兴地答应了，还开玩笑地说："要见一见刘总的歌喉。"刘成也坏坏地说："我只会唱，妹妹你大胆地往前走。"唱歌期间，刘成跟小洁玩猜拳游戏，又灌了小洁不少啤酒，看上去真是给喝醉了。刘成就带小洁去了开好的房间。进了房间，刘成急不可耐地对小洁又搂又亲，但在最后一关，小洁突然猛地把刘成推开，上来就是一脚，一下子把刘成踢倒在地上。

看着刘成一副狼狈不堪的样子，小洁扑哧一下笑起来，然后歉意地说："对不起呀，刘总，我练过跆拳道，是本能反应。不过……不过……你要是真想跟我好，我不要房、不要车，我就一个条件，你必须跟你媳妇离婚。我可不做那些签经济合同的小三……”刘成捂着还在犯疼的肚子，瞅着刚才还小鸟依人，现在变成了凶悍可怕的女汉子的小洁，心里沮丧，还真小瞧这小丫头片子了。刘成只好一句句不停地说着自己是真喜欢小洁，求小洁给他一个机会，但小洁就是一口咬定要刘成先去把离婚办了再说。没办法，刘成只好答应小洁尽快办离婚，然后灰溜溜地离开了。

刘成一直发愁怎么开口跟老婆秋芳说离婚的事。毕竟是多年的患难夫妻，秋芳人又善良贤惠，当初跟着他吃了不少苦，却从没抱怨过什么。刘成就琢磨着制造点什么矛盾，吵一架，最好能打得鸡飞狗跳，于是回家后，开始挑三拣四发脾气。这天中午，刘成回到家，瞅了瞅饭桌上的菜，又一下子暴跳如雷起来：“给你说过 1000 遍了，你这脑子怎么就不能长点记性，你脑袋让门挤了还是让驴踢了……”刘成的嘴像不停喷火的机关枪嘟嘟个不停。

6 岁的儿子刚伸进菜盘子里的筷子立马像被孙悟空施了定魔法，随后又吓坏了，不知所措地将筷子缩回怀里，表情恐慌呆愣。妻子秋芳涨红了脸想说什么，又没说出口，强压着被挑剔激怒的火气。秋芳把早起吃剩下的菜和新炒的菜掺和到了一个盘子里了，刘成就是想借题发挥：“你不知道长期吃剩菜会得癌症吗？你不知道剩菜会产生亚硝酸盐，是致癌物质吗？我看你这臭毛病、恶习就是从你们家带来的，遗传！什么家出什么人儿……”刘成张狂着脸一个劲地数落指责。就是最后这句话把秋芳彻底给惹急了，也跳起来嚷开了：“我们家人怎么了，我们家吃这么多年剩菜，也没见我爹我娘得癌症！再说，我就是爱吃剩菜，怎么的吧？我得癌症得就得，早得早死早松心……”

“你、你、你……真是不可理喻，死不悔改！你愿嘚嘚去，别让我们也跟着‘沾光’？儿子，别吃这个！”刘成冲到餐桌前抄起那盘菜，三步两步奔到厨房，连盘子带菜一下子都扔进了垃圾筒，伴随着身后儿子顿时起来的“哇哇”哭声。“你这日子不想过就不过，明说，没必要整天这么鸡蛋里挑碎骨头，横挑鼻子竖挑眼的，你存心的是吧……”秋芳嘴里的火气渐渐变成翻江倒海的委屈，“啪”地把筷子一摔，走到门前，甩掉脚上的拖鞋，趿上布鞋，一手拉门，抬脚走了。

刘成虽然被秋芳骂得也有些恼火，但心底却有股阴暗的高兴，看来秋芳是真生气，也真伤心了。刘成寻思着秋芳可能是坐车回娘家了。儿子还在一旁哭，刘成大声喝道：“别哭了！”儿子浑身一哆嗦，止住了哭声，但是眼里分明还夹着泪花儿。看着儿子可怜害怕的样子，刘成的心又一下子软了下来，口气放轻了些说：“走，爸爸带你到外面吃去。”刘成领孩子去了肯德基，然后把他送去了幼儿园。

可是没想到，晚上刘成去幼儿园接儿子，没接着，说是有人接走了。刘成给秋芳打电话，秋芳也不接。刘成回了家，见秋芳正给儿子洗澡。秋芳没走，刘成有些失望。更让刘成为难的是，等儿子睡着后，秋芳还主动地上来对刘成说：“我知道你在外面压力大，可是你也不能把不痛快全撒家里来呀，我们娘儿俩又没惹你……”

秋芳的善解人意，真是让刘成哭的心都有。刘成一宿也没睡着觉，躲在书房里抽闷烟。老婆秋芳，人虽然长得不丑，但毕竟年龄大了，人老珠黄了，也没有什么文化，就是跟着刘成一起从村里出来打工的农村妇女，怎么能跟年轻漂亮的女大学生小洁比呢。再说，刘成的确是对小洁动心了，像着了魔一样。最后，刘成心一横，打算跟秋芳直接摊牌。

几天后，刘成回到家里把一串钥匙和一份合同递给秋芳说：“我就实话跟你说吧，我在外面有喜欢的女人了，你这些年跟我也不容易，我不想亏待你，我在市区给你买了一套房子，还买了个 60 多平方米的门面房，你可以出租出去，吃房租，这辈子也不用愁了。咱们离婚吧……”说着把离婚协议递给秋芳。秋芳的眼泪一下子就下来了，其实她也早察觉出有什么不对劲儿来了。秋芳虽然难过伤心地掉泪，但没哭没闹，说了句:“我懂，男人有了钱都这样，你想怎么着就怎么着吧。”

3 天后，刘成来给秋芳搬家。可是，一进门，却不见秋芳的人影，打电话也不接。正着急，这时，电话突然响起，说一个工人在装修时不小心摔了下来，让刘成去处理。刘成怕出人命，慌忙开车去了医院。受伤的工人是个架子工，是在装修一个办公楼的外墙搭架子时不小心摔下来的。刘成详细地询问了主治大夫，好在人并无大碍，只是伤了两根肋骨。刘成安慰那个工人，叫他别担心，不怕花钱，一定请最好的大夫给他做手术。刘成还关心地问他家里还有什么需要关照，那工人见刘成热心，很感动，说也没什么要求，就是自己受伤这事儿别告诉家里人，自己打个电话说有个大活儿出远门了就行了，另外还有件事得要刘成帮个忙。

那工人的要求是，这几天看能不能安排几个人帮他搬下家，说他女儿在城里贷款买了一个小房子，他们打算一家人都搬过去。刘成说:“我还以为什么大事儿呢，就这小事儿，没问题。”叫他放心。几天后，刘成按照那工人提供的地址，带着几个人来到郊区的一片棚户区。三转两转，打听着来到那工人的住处。走近了，刘成听到一阵“当当当”的声音，那声音那么熟悉，但他怎么也想不起来是什么声音来了。刘成走进工棚一看，恍然大悟。原来是一个中年女人正坐在地上弯着腰，剁菜板上的白菜馅儿，准备包饺子。简易的菜板旁边是和好了的面，还有一碗黄焦焦的油渣儿，真是让人流口水。刘成好久没吃过这东西了。剁馅儿的女人见有人来了，忙笑着说："老板，你看我们这地方，真是让您不方便。"但人却没站起来，刘成纳闷地一看才明白，原来女人一条腿粗一条腿细，细的那条是条废腿。女人抱歉地笑笑："腿不方便，老板您别挑理呀。也没什么好招待你的，你看我们当家的为了多挣几个钱，跑到外地去了，没办法，孩子贷款买个了房，当家的想多挣点，别让孩子压力太大了。您要不等一会儿，我一会儿就包好了，您尝一碗。"

刘成说："大姐，你还别说，我好多年没吃这东西了，还真有点嘴馋了。大哥那边你放心，我们有个大活儿，能挣不少钱，大哥说家里缺钱，我就派他去了，就是远点，得两个月才能回来。临走，他说叫我帮忙给你搬个家。"刘成也坐下来，跟着大姐一块儿包起了饺子，一边闲唠嗑儿，得知大姐的腿是有一年跟着男人在工地上搭架子干活儿，男人一不小心从上面摔下来，正在下面观望的大姐慌忙地接过去，男人就砸在了大姐身上，虽然是从不高的二楼摔下来，男人没大碍，但大姐的一条腿却废了，因为一条废钢筋插进了大姐的右腿里，后来医治不彻底，感染了，腿就给废了。大姐说："人哪，都是命，该着的。不过好在不是我孩子他爸受大伤，他要是腿没了，我们这个家的天不就没了吗？我那一儿一女怎么能都读到大学呢，儿子还出了国。我丢了一条腿，也值了，我们当家的一直都说我是家里的福星，没有我就没有我们一家的好日子，好奔头儿。女儿懂事，虽然没有儿子学习好，考到国外去，但大学毕业也找了个好工作，这不前阵子贷款在城里买了小房子，说是给我们买的，说我们年龄大了，我这个腿又不好，叫我们搬进去，住在一起……"

听到这里，刘成不由得一阵阵恍惚起来。这一番话，听着是那么的熟悉。

记得当初自己没日没夜地在工地上刷墙，每次累得都快要散架回到工地附近的工棚时，他最想吃的就是老婆秋芳包的白菜油渣儿饺子了，自己能吃三大碗。那时候，他们为了省房租，就在工地上搭了个工棚，为了省油、省肉，就买一大块猪油，炼了油能吃半个月，炼油剩下的油渣儿还能当肉馅儿包成饺子，别提多香了。吃饱了，喝足了，两个人就躺在砖头支的木板床上说话。秋芳说："咱好好干，多攒钱，到时候咱也开个公司，自己当老板，就不用这么辛苦了。咱们把孩子也接城里来，住高楼，开汽车，一家人幸幸福福地在一起……"刘成搂着秋芳说："你放心，你说的早晚有一天我都给你实现喽！"还开玩笑地说，"到时候，咱天天吃白菜油渣饺子。"秋芳笑说："瞧你这点出息，真到那时候谁还吃这个呀……"秋芳那时候看上去是天底下最美，也最幸福的女人。

秋芳为了多挣点钱，在工地上搭了个棚子，给只图少花钱吃个饱的那些民工做饭，开了个"大灶台"。有一年冬天，为了省火，用刺骨的凉水洗菜，把一双手都弄残了，落下了严重的关节炎。现在，一到冷的时候，连菜刀都提着费劲。大姐看刘成突然走神，表情落寞，心里像明白了什么似的说："大兄弟，是不是也想起你当初来城里艰难的时候了，唉，人受苦不要紧，就怕受不下去，挺不住，谁没难的时候哇，你看你现在多好，都混成大老板了……"

刘成苦笑，站起身来说："大姐，我有点急事，得先走了，留下这几个工人给你帮忙搬家，饺子你给我留一碗，我到你新家去吃。"说着就往外走，却和进来的一个人撞了个满怀。俩人一下子都脸红了。

来人竟然是小洁。原来，小洁竟是大姐的女儿。两个人都有些惊讶，又有些尴尬。刘成慌忙地走了，在路上接到小洁的电话，小洁说，请她原谅她骗了刘成，爸爸根本不是去做什么心脏搭桥手术，而是自己想给父母买一套小房子，交首付，钱不够。刘成本想说那钱，本来就是该顾大哥用的，但又怕泄露顾大哥受伤的消息，引起他们一家人的恐慌，只好说："那钱你先用，回头叫财务从你工资里扣就行了。"还说他俩的事，是自己一时糊涂，叫小洁别放在心上，要觉得别扭，可以再换个单位，要是不难为情，还可以继续在公司好好干，然后匆忙挂了电话。

刘成匆匆忙忙回到家，秋芳还是没在家，打电话又关机。刘成在桌子上看见了个字条，还有那一串钥匙："刘成：事情成这样了，我只能认命。人没了，我要房子有什么用，我要回乡下老家了，爹娘岁数大了，还要人照顾。"刘成的心一下子提起来，飞快地跑下楼去，上了车一路狂开，到了车站，大喊起来："秋芳、秋芳……"刘成在车站找了足足一个小时，也没找到人，还上广播室广播了几分钟，也没结果。

刘成打算开车回老家。可是车还没出市区，就接到一个陌生号码打来的电话，刘成听了以后，差点没跟前面的车追尾。电话是秋芳用一个出租车司机的电话打来的，说儿子高烧不退，都抽风吐白沫了。

原来，秋芳本来是想带儿子一起回老家的，可是到了幼儿园，老师说孩子病了，给秋芳打电话也打不通，就直接送医院去了，幼儿园只有秋芳留的电话，秋芳却一直关机，又没有刘成的电话，孩子的事，他根本就没怎么管过。刘成赶到医院的时候，秋芳正在急诊的抢救室外的走廊里撕心裂肺地哭，刘成也吓坏了似的手足无措："好好的，好好的，怎么就病了呢……"一会儿大夫出来了，说孩子已经脱离生命危险了，但大夫又说会不会造成什么后遗症还得住院观察，俩人刚刚放松一点的表情又一下子紧张得要死起来，秋芳一下子跪到地上哭求大夫："大夫，求你了，一定得把我儿子治好哇……"站在一旁的刘成一下子心也像刀剜一样。

已经是夜里11点多了，儿子还在输液，两个人一边一个守在儿子病床边，都捏着儿子的小手，不时地抬头看药管里滴得快了还是慢了，看药瓶里还剩下多少。凌晨一点多，儿子终于醒来了，脸色也红润起来，还嚷嚷着饿了，要吃东西。可两个人没主意，不知道该不该给孩子吃，要吃的话，什么东西能吃、什么东西不能吃，小心到了万分。刘成忙去找值班大夫。值班大夫说，这时候尽量不要给孩子吃东西，小孩子要闹，可以给他喝几勺小米粥。

刘成回来把大夫的话说了，秋芳就只好哄孩子，又讲故事又唱儿歌的，可儿子不干，就是一个劲儿嚷饿。可这大半夜的去哪里给他弄小米粥哇！刘成在屋里急得转圈。邻床的一位伺候病人的大姐被闹醒了，说："你去产科看看，他们那里晚上生孩子的，没准儿有带锅来预备小米粥的……"刘成马上像遇到了救星，急匆匆地跑出去找产科。十几分钟后，刘成一手托着，用另一只手掌盖着一个纸杯子弄回来多半杯小米粥。

儿子喝下去，不闹了，但好像又精神了，闹着要玩玩具。刘成又只好跑到医院门口外面的流动百货车上把正盖着军大衣睡觉的大娘叫醒，给儿子买了一个玩具坦克车，像纸一样轻的一个小玩意儿要了他25块钱。但刘成没还价。儿子吃了小米粥，有了玩具，开心地玩起来。见这样，刘成、秋芳两个人的心才放下来，困意也慢慢袭上来，都打起哈欠。刘成说："你睡一会儿吧，我陪儿子。"秋芳说："我不困，我陪儿子。你眯一会儿吧，你在外面跑一天了。"两个人让，两个人谁也没睡。直到凌晨3点，儿子眼皮打架，把玩具扔下边歪头睡了。刘成才对秋芳说："你跟儿子一块眯一会儿吧，我去外面抽根烟。”

刘成在走廊里一根烟没抽完，就哈欠连天了，然后坐在走廊的椅子上把头靠在了墙上。刘成不知是什么时候被冻醒的，他走进病房看见儿子睡得像平常一样香，秋芳趴在床边上睡着了。此刻，有种想要哭的感觉。天亮，主治大夫来查房的时候，看了看儿子，说是吃太多零食了，再可能就是受到惊吓了。刘成和秋芳两个人的脸都不由得有些红。大夫说，今天上午再吊一瓶液体，观察一下没事就办出院吧。上午，儿子输完液体就满楼道里跑闹了。

中午，从医院回家的路上，儿子在车上高兴地摆弄着他的玩具，突然冒出一句:“爸爸妈妈，你们整天吵，是不是要离婚哪？我看电视里就是这么演的……”秋芳脸色阴沉着不语，抱紧了儿子。刘成也感觉眼圈发胀，侧头说了句:“别瞎说，电视里那都是演着骗人玩的。”车开到楼下，刘成头没回，脸却通红，小声地说:“别走了，我想吃你包的白菜油渣饺子了……”

秋芳的眼泪一下子就下来了。

原来，世界上最幸福的三个字，不是一时的“喜欢你”、也不是赌咒发誓地“我爱你”，而是那句不用说出口的“在一起”。

总有一颗柿子要为你留着

“从前慢，一切都慢，车、马、邮件都慢，一生只够爱一个人。”

老家的院子里有一棵柿子树，每到秋天都会挂满一树红红的柿子，直到入冬，叶子都落光了的时候，满树柿子就像半空里欢欣燃着的一片火焰。

只有到这个时候，祖母才会让我们采摘。全家人都高兴得不行，每个人都会分到红红甜甜能把牙都蜜倒的柿子。而每年，祖母都会有一个奇怪的交代，那就是她总要求留下树最顶尖上的那一颗，不要我们采摘。她说要留着它，叫它自己落下来。

没人会在意，反正就那么一颗，也许祖母是喜欢看这样的风景。从此之后，祖母每天都会在一天的某个时刻，坐在门阶前的老藤椅上望着树尖的那颗越来越红艳的柿子长久地出神。祖母这一辈子是孤苦而又艰难的，当年祖父随大军南下，从此再没有回来。解放战争结束之后的一年秋天，家里突然来了两个穿军装的人。从那一天起，祖母得知自己成了烈属。村里从此又多了一个寡妇。那年秋天的祖母常常是泪痕满面，这当然只是在家里，而出了门却总是把脸洗得极净，头发梳得格外齐整、光亮滑顺。

而院子里的那棵柿子树，是当兵的祖父有一年回家探亲从部队上带回来种上的。遗憾的是他没能尝到这棵树上结出的柿子。

祖母变得越来越沉默、安静，寡言少笑。唯一不变的就是在做好一切家务之后，精心打理和照顾院子里的那棵柿子树，人的一生太漫长了，一个不幸女人的日子是更辛苦难熬的，而那棵柿子树也许成了祖母内心最脆弱温暖的依靠。偎在藤椅里安静仰望的祖母成了我儿时对她最深的印象。我知道她是在天天留心树尖上留存的那颗柿子，等它自然落下来的那一天。

而到了那一天，她就会小心地把它捡起来，包进随身携带的黄布手帕，认真地包好，再回老屋掖一卷早早预备好的纸钱，去村外 5 里处祖父的坟上去烧祭。那抔长满荒草的黄土，说是坟，其实里面并没有埋着祖父的遗体，只是祖母知道噩耗后，含泪 3 天为不知尸掩何处的祖父做下的一身寿衣，说白了，那只是一个寄托哀思的衣冠冢。

祖母的这个习惯终生未改，不管树尖上的那颗柿子会哪一天落下来，不管等到多深的冬天，哪怕是大雪纷飞，祖母都会一直默默地耐心等待，然后踏着五里的雪路走去祖父的坟上。这条路，祖母走的时间越来越长，因为裹着小脚的她一年比一年老。

祖母没有再嫁，从 27 岁那年开始，一个人辛辛苦苦把 4 个孩子在漫长而又艰难的岁月里养大，个个都有出息，成了村里人跷指赞叹的骄傲。只是谁又能真正体会到她苦如槐果的内心以及难如水火的岁月，然而这不可想象的一切都随一刻不停的时光过去了……

祖母是在一个寂寞的冬天离世的，她活了 90 岁，成为村里为数不多的长寿老人。而祖母临终时的交代：是把那颗还没有从树尖掉落下来的柿子摘下来随她一起带进同爷爷的衣冠合葬的坟冢。

屈指推算，祖母与祖父只做了 6 年的夫妻。而在以后半个多世纪的漫长岁月里，老院子里那棵柿子树上，祖母每年翘首仰望等待的那一颗红红的柿子，我似乎懂了，那应是一颗像柿子一样完美而柔软的内心，之于她、之于她与祖父之间的短暂却又如此深长的夫妻情分。

而她最后带走的那一颗，应是她要带着它去赴一个白日常念想、夜里时梦寻的幸福完满的约会吧，也告诉后来的人：每一对能走到一起的夫妻，都要彼此珍重，好好生活，才是对平凡的人生最好的交代。

所有迷路的爱情，转身即是归路

如果我再像当年那样开口说爱你，你还会脸红心跳吗？虽然已不再是当年。但我相信，你一定是幸福温暖的。

戴维从公司退休 3 年了，和妻子朵娅在农场过着平静的晚年生活。都说人老了有时候会越来越像孩子，戴维最近闲着没事，就总是爱钻进储藏室收拾整理那些杂乱的旧物，非常用心，乐此不疲。在戴维的眼里，似乎每一件旧东西、哪怕是残破的，都可以重新整理得焕然一新或者修理得变废为宝，更何况每一件东西又都藏着过往岁月的美好记忆，就算是悲伤的，似乎也弥足珍贵。

这天，戴维翻到一个像古董一样的旧盒子，眼睛不禁一亮。

一个星期后的一天中午，戴维像个孩子似的跑到朵娅面前："亲爱的，知道今天是什么日子吗？"

"什么日子？"正在收拾家务的朵娅想不起来今天有什么特殊。

"你想想、想想……"戴维故作神秘地催促道。

朵娅把家里所有人的生日都想了一个遍，都不是，一脸疑惑地望着戴维。

戴维说："你想着这个、想着那个，怎么独把我们忘了呢，今天是我们结婚30年纪念日呀！"

朵娅一脸的疑惑变成惊愕。

朵娅惊愕的不是这个日子，她惊愕的是自从20多年前那件伤心的事发生以后，戴维就从来没主动提过。

戴维说："亲爱的，我准备了礼物送给你！"

戴维从身后晃出个红盒子递给朵娅，微笑着说："打开看看！"

朵娅打开盒子的那一刻，眼睛亮了。

那里面是一串亮闪闪的钻石项链。

竟然正是她20多年前意外丢失的那件。

20多年前，戴维跟公司里的一个女同事有些暧昧，朵娅知道了后很生气，最让她接受不了的是和戴维恋爱时，戴维送给她的一串钻石项链竟然意外丢失。朵娅一直怀疑是戴维拿去讨那女同事欢心了。两个人为此事吵得不可开交，闹到快要离婚的地步。后来，还是那个女同事嫁给了公司的老板，才让家庭风波平静下来。

虽然两个人的关系渐渐缓和，但那串意外丢失的项链却成了两个人之间无法化解的芥蒂。为了安静的日子和不互相伤害，就都把它埋藏到了内心深处，谁也再没提过。

现在这串项链失而复得，真是令人高兴。戴维给出的推测和解释是，可能是那次他们匆忙搬家，不小心把项链裹夹到了杂物里。

朵娅心里积压多年的那块冰终于在这一瞬间融化了，也理解了当初戴维解释说他和女同事根本没什么，只是别人为了和他竞争岗位故意造谣。

戴维拿过项链说："来，亲爱的，我再给你戴上，就像当年我们恋爱时一样，我再向你求一次爱。"

朵娅激动得眼睛有些湿润，脸竟然也像个小女孩儿一样红了。

戴维认真地给朵娅把项链戴好，然后两个人深情拥抱。

他们打算在农场办一场隆重的珍珠婚庆典，把在外工作的孩子都叫回来，来参加他们的幸福盛事。儿女们得到他们的通知也非常赞同和高兴，并为他们送上最美的祝福。

可是，在珍珠婚庆典上，戴维却出了意外。

朵娅和孩子们守护在戴维的病床旁，听着戴维讲着关于那串钻石项链的故事。

原来，这串项链根本就不是二十年前"意外"丢失的那一串，而是戴维在储藏室无意发现装项链的盒子，勾起了当年的伤心往事，觉得自己当年的"堕落"行为对不起妻子朵娅，并且还欺骗了她。现在，他想弥补这个遗憾，所以找了一个工艺品店，定做了这串仿真项链。

当年的戴维曾因为工作一时不顺迷上了酗酒、赌博，那串钻石项链正是他偷偷拿去卖掉做了赌资。

戴维说自己得知患上不治之症淋巴癌是两个月前的事，他最近一直在储藏室收拾整理那些旧物，就是想着自己不能陪朵娅过完一生，可以让那些旧物陪伴朵娅孤独的晚年生活，让她知道他一直是爱她的。

朵娅紧攥着戴维的手泪水涟涟："东西是真是假不重要，只要你的心是真的就是最珍贵的了……"

孩子们望着两个如此相爱的老人，也感动得哭了，但他们还是和戴维与朵娅一样，都感觉那么幸福。

原来，有些浪漫其实并没有死去，它只是迷路了多年。有些爱，不是你没有在意，而是你忘记了开口。

只有迟到的礼物，没有迟到的爱

有些礼物也许是迟到的，但我的爱从未迟到过。

“老伴儿，知道今天是什么日子吗？”“什么日子？”刚从外面扭秧歌回来的大妈想不起来今天有什么特殊。

“你想想、想想……”脸上有些孩子气的大爷故作神秘地催促道。“大孙子生日？不对呀！还没进腊月门儿呢？小儿子生日？不才过了吗？……”大妈依然是一脸的疑惑，想不出个所以然来。“你想着这个、想着那个，怎么独把自个儿忘了，今天是我们结婚三十年纪念日呀！”

“啊！”大妈一脸的疑惑变成惊愕。她惊愕的不是这个日子，她惊愕的是老头子怎么突然想起了这个，以前他从没主动提过呀？

“是吗？好像是的。”大妈佯装糊涂地说道。“怎么好像呢？就是呀！”大爷提高了嗓门儿。“是又怎么样？今天的活儿你是不是打算都干了呀！”“那是自然！每年不都这样吗？不过今年我还有一件礼物送给你！”

“礼物？啊！礼物！你抽哪门子风啊？”大妈说这句话的口气不像是责怪，而是觉着新鲜，还有那么一点点期待。“还记得结婚那会儿你最想要的是什么吗？”“怎么不记得呢！可是当初我要的那东西，你也没给呀！你家那会儿穷得除了一间漏雨的破屋，就剩你了。”

“你看这是什么？”大爷从身后猛地晃出个红红的盒子来，像个孩子似的一脸鬼鬼的表情。“打开看看！”大爷冲大妈扬了扬下巴。

大妈的脸上浮起小女孩儿般的笑，把那个小红盒从大爷手里一下夺过来，迅速地打开，眼睛亮了。那里面是一串亮闪闪的金项链。

“给我买的？”大妈的脸上泛起了少有的红晕。“可不！我还能给谁买？”大爷理直气壮地说。“不过老伴儿，我说了你可别不高兴。这不是真的，只是个高仿品。真的要两万多块呢！我哪有那么多钱？这是我这两年退休了，闲着没事儿遛弯儿顺便脚儿捡废品攒的私房钱。一直都有这么个心思，你跟我这么多年了，一直都没让你过上像样儿的日子，这老了老了就寻思不知哪一天也许就剩下一个人了，一把老骨头了，还能为你做些什么呢？哄哄你高兴一下子还是不难的吧？所以就偷偷攒下了八百块钱，买了这个。”

“老东西！别说这么不吉利的话，什么剩一个不剩一个的……”大妈的眼里闪着晶莹的东西。“什么像样儿不像样儿的？三十年了……能有你这么一直陪着我，不就是最像样子的日子吗？还能再攀图个啥呢……”

这不是甜蜜的浪漫，而是沉沉的温情。仔细想想：什么样的日子才能算是像样儿的日子呢？也许真的并非什么良田千顷、广厦万间；也并非什么位高权重、披金挂银，灯红酒绿。不是某一时的得意风光、显贵尊宠，而是长长的一生。也许这份长长久久的温暖陪伴才是生命里最宝贵的礼物！

06

第六辑

愿你幸福长大，是我一生不改的誓言

世间最好的事，就是我看你在我的世界，一步步长大，好好长大；哪怕是有一天，你长大到渐渐远离我的世界，我依然觉得那是最好的，因为你好这件事，没有什么比这个更重要。也许我身上总有这样那样的缺点，也许命运总是和我开着无常的玩笑，但就算一身狼狈，我仍愿小心翼翼地拿出我的最好，都给你。哪怕你不喜欢，不满意，但请记住，这天下永远都不是你自己的，唯有我可以全部是你的。

每一份叛逆的青春里，都藏着一份爱的渴望

每一个孩子都曾是乖巧可爱的孩子，每一个孩子的成长也必将经历叛逆，每一场叛逆，也都将成为他最好的成长。也许，每一个父母都做不到完美，给了孩子叛逆的理由，但一切的怨恨都会以爱的方式慢慢找回来，因为你们之间存在着爱。

刘丽丽在滏阳市一所中学教语文，是多年的模范教师和优秀班主任，这天，班里转来一个叫许乐然的女学生，是“特招”过来的。

所谓“特招”是新换的校长为提高升学率想出的一个“高招儿”，就是通过各种途径和办法到下边县里的学校挖尖子生。对挖来的学生，有的免住宿费，有的免一年伙食费，并且和所有特招来的学生签订了“升学协议”，协议规定只要中考时能升入滏阳中学，一次性奖励人民币一万元。滏阳中学是全国百强名牌中学，每年都有 100 多名学生考进清华、北大，其他重点大

学就更不用说了，坊间流传“考上滏阳一中就等于考上了重点大学”，所以全市所有的初中每年也以考入滏阳一中的人数排名先后，竞争相当激烈。

刘丽丽待的这所初中排名一直处于中游位置，今年新换的校长很强势，说今年必须进全市前三名，为了有好的生源，所以才想了这么个“不怎么文明”的办法。不过却是挺管用的办法，还真“特招”来不少尖子生，而这个许乐然则是这拨儿尖子生中的尖子生，为此校长还亲自找刘丽丽谈了话。

校长把刘丽丽叫到办公室说：“你是咱们学校最棒的老师，所以我把这个最棒的学生分给你，这个许乐然可是武罗县初中年级统考的第一名，你一定要重点培养，争取中考时拿个中考状元……”看着校长一脸委以重任的样子，刘丽丽很感动，当即立下军令状，表态绝不辜负校长的信任和厚望。

可是，等刘丽丽一上课，却大惊失色。

刘丽丽在课堂上提问许乐然，许乐然却一言不发，刘丽丽又重申了一遍问题，许乐然还是不开口回答。刘丽丽有些急了：“你没听懂？还是根本就没听，别以为你是招来的尖子生就不自量力，招来的尖子生多了，你到了这里不一定就是尖子了……”

刘丽丽本来以为一番唇枪舌剑肯定能把许乐然镇住，可没想到那个许乐然竟然一副不屑的样子，仰着脖子说了让刘丽丽都想哭的三个字：“不知道。”

这下可把刘丽丽气坏了，大失所望，甚至怀疑她是不是真的尖子生，是不是靠什么后门进来的。可是更让刘丽丽上火的事还在后面呢。

许乐然连她留的作业也不交，刘丽丽把许乐然叫到办公室询问，差点没把刘丽丽气晕过去。

许乐然还是那三个字：不知道。刘丽丽一气之下去找了校长。

刘丽丽向校长哭诉了许乐然的表现，校长也大惑不解，挠着头说：“不可能啊，这怎么可能，她明明就是武罗县初中二年级统考的第一名啊，还是我亲自看的成绩单呢？难道这里面还有人作假？你先别着急，等我再去找内部人核实一下，或者这个孩子脾气有些古怪，才来到新学校不适应也说不准，我要查实了真是弄虚作假上来的，就把她退回去。你先放平心态观察一段时间再说。”

一个月后，更让刘丽丽大跌眼镜的是，许乐然其他科目的成绩都是年级第一，唯独她教的语文这科，许乐然竟然交了白卷！

刘丽丽是彻底蒙了，不知道这究竟是怎么回事，校长也听说了，叫来刘丽丽问询说：“这个许乐然我核实过了，就是县里统考的第一名，而这次月考怎么别的科目她都考了第一，唯独你这门竟然交白卷呢？她是不是对你有什么成见，或者有什么抵触哇？”

刘丽丽一脸委屈地说：“我也不知道哇，我对学生都是一视同仁，不偏不向，况且我对她也没什么成见，还想指望她明年能考个状元呢。可她，可她……”

校长安慰刘丽丽不要着急，这里面肯定有原因。我们慢慢商量下对策，看用什么好的办法和她谈谈心。

刘丽丽一脸无奈地说：“反正我是没什么高明的办法了，也想不通这到底是怎么回事儿。要谈，你找别人跟她谈吧，实在不行就给她转班吧。”

校长说：“好吧。我亲自出马，一定弄个水落石出。”

校长毕竟是校长，他没先找许乐然谈话，而是通过别的科目的老师和一些学生侧面了解了许乐然的一些学习和生活上的表现，但其他科目的老师和学生的反应都出奇的一致，都说许乐然脑瓜聪明，上课回答问题踊跃。唯一的问题就是不爱说话，不爱交往。没办法，看来只能把许乐然的家长叫来了。

许乐然的爸爸来到了学校，坐到校长办公室里很紧张，一脸的拘束，在听了校长的反映以后也是一头的雾水，说："我闺女不是这样的孩子呀，她学习好，也懂事，怎么会这样呢？"校长说："反正就是这样，我们也不知道是什么情况，所以才找你来了解，要不你找她谈谈吧。"

许乐然的爸爸连忙说："好，好，好，我找她谈谈。"

许乐然被叫到校长办公室来，看见爸爸，一下子扑到爸爸怀里说："爸爸，我要转回去，我不在这里上了。"

"啊！"爸爸和校长几乎同时瞪大了眼睛。"怎么了呀？这里不是挺好的吗？各方面条件比咱县里强多了，并且学校还免咱住宿费、伙食费，让咱白吃白住，将来考上滏阳一中，还奖励咱一万块钱……"爸爸又急又疑惑，不知闺女这到底是为什么。

"反正，我就是不想在这里上了！"许乐然又口气坚决地说道。

"那你总得说出个理由来，咱们不能这么不明不白地做决定呀。"爸爸急得一脑门子的汗。这时，许乐然抬眼看了看校长，正被搞得丈二和尚摸不着头脑的校长一听这个，似乎明白了什么，看来这里面有难言之隐，只好客气地说道："你们父女先谈着，我出去一下。"

校长出去上了一趟卫生间回来，许乐然和爸爸在校长办公室门口站着，许乐然哭了一脸的泪，眼睛都红了。爸爸一脸歉意地说："校长，这事都赖我。你看，你把刘老师叫来，我们向刘老师道个歉。"

刘丽丽来了一见许乐然的爸爸就惊喜地叫起来："许大哥！怎么是你呀。"

原来，刘丽丽娘家是武罗县，并且和许乐然爸爸做过邻居。不过那是十年前的事了。那时候，许爸爸自己一个人带着许乐然生活，那时候许乐然也不过五六岁，并且还不叫许乐然，而是叫萌萌。因为那时的许乐然还没有上户口，许乐然是老许骑三轮车在车站捡的一个弃婴，老许一直没有结婚，那时候刘丽丽是老许邻居家的女儿，因为老许在车站拉活，回来没个准点儿，有时候就拜托刘丽丽帮忙去幼儿园接一下孩子，刘丽丽那时候在县里的一所中学教书。几岁的萌萌见刘丽丽经常来接她，就以为刘丽丽是她妈妈，还开口叫了刘丽丽“妈妈”，心地善良的刘丽丽也很同情这个可怜的孩子，就没反驳纠正萌萌，由她叫去。

可是两年后，刘丽丽结婚，老公在市区工作，就调到了市区的学校。老许是个乡下来城里蹬三轮拉活儿的，萌萌上小学后，因为自己保证不了正常接送，就把萌萌送到了寄宿学校，房子是租的，哪便宜就上哪儿去，后来就搬了家，再没见过刘丽丽。

而萌萌一直在问老许，妈妈去哪儿了。老许一开始说刘丽丽去外地打工了之类的话搪塞，但后来萌萌跟他哭闹了好几回，有一次老许心里烦喝了酒就说:“你妈嫌咱穷，嫁到大城市去了。”

因此，萌萌就又是伤心又是恨，但她还是把刘丽丽的照片一直带在身边，当别人问她怎么没见过她妈妈来接她之类的话，她就说妈妈去了很远的地方打工，别人怀疑，她就拿照片给人家看。

萌萌后来办了合法收养，有了户口就改了名字叫许乐然，她一直对自己暗暗发誓，一定考最好的成绩，上最好的学校，将来有出息了，挣很多钱，一定要那个嫌贫爱富的“薄情妈妈”好好看看。阴错阳差，没想到她被特招到这所学校来，还进了刘丽丽的班。

那天，刘丽丽一进教室，许乐然就感觉很吃惊，她拿出照片一对，可不就是她，心里真是又怨又恨，就想好好报复、惩罚她一顿。

老许一个劲儿地向刘丽丽道歉，说都怪自己一时糊涂。刘丽丽说：“许大哥，我理解你，你也是没办法，我不怪你。”

而此刻知道了真相的许乐然更伤心了，连爸爸都不是自己的亲生父亲，这无疑对她是个重大打击，虽然老许不忍心说出真相，可不说出真相就解决不了问题，自己已经糊涂过一次了，再不能糊涂下去毁了女儿的前途和一生啊。老许也流下泪来说：“萌萌，别怪爸爸……”

刘丽丽的眼圈儿也红了，她一把搂过许乐然说道：“萌萌，如果你还愿意我做你妈妈，那我还可以做你妈妈，一辈子的妈妈，你愿意吗？”

许乐然的眼泪一下子像断了线的珠子一样掉下来，偎紧了刘丽丽的身子，泪珠中闪着温暖的光……

爸爸偷写的“情书”

每一个打过孩子的父母，其实都是打在孩子身上，疼在自己心里。他们不是无端地发怒，也不是天生狠心，他们只是不想让那些在他们身上曾经荒唐的狼狈，再在你的身上上演。

一个星期前，17 岁的米朵离家出走是因为从来骂都没骂过她的爸爸居然扇了她一个耳光。

米朵被打的原因是逃学去见网友，还开了房。

那天，开出租车的爸爸拉一个客人到火车站附近的宾馆，帮忙把客人行李送到房间，拿了小费走到电梯口准备下楼时，就撞见从电梯里出来和网友牵着手的米朵。

当时，爸爸的脸都吓绿了，随后恼怒得面容扭曲：“小畜生，你都干吗啦？……”米朵也吓怕了，满口不停地解释说是刚接了网友过来，连房间都还没进,只计划陪网友在这里玩两天,也没打算做什么出格的事情。爸爸吼道:“等出了格就晚了……”

爸爸像警察审犯人一样把那个同样 17 岁的男孩儿凶了一炮儿，又要报警又要叫家长的。直到那个男孩儿说爸爸因为激情伤人蹲了监狱，妈妈现在跟一个有钱的老板混在一起，除了每月给他钱，根本不管他之后，米朵爸爸的口气才渐渐软了下来，然后扯着一路哭号的米朵回了家。

米朵也是单亲家庭的孩子。

10 年前米朵的妈妈因嫌米朵爸爸没出息，大吵一架后不辞而别，再没回来过。

爸爸把扯回家的米朵好一顿教育:“小小的孩儿家，怎么不学点儿好……”米朵不服气地说:“你们大人思想能不能不那么肮脏，我们只是见个面，你还带女人回来上床呢……”

就是这时，爸爸上来就抽了米朵一个耳光:“小浑蛋，怎么跟大人说话呢……”

妈妈走后的第四年，米朵爸爸的确跟一个外地来京做服装生意的小女老板好过一段时间，那小女老板因为经常包米朵爸爸的车俩人混熟的，那时小女老板刚刚白手起家不到一年，不想被骗子骗得精光，在她最危难流落街头的时候，米朵爸爸收留了她，让她住到家里的阁楼上。那天是俩人都喝醉了，滚到了家里的床上，恰巧被米朵撞见。

那次之后，米朵爸爸一直在米朵面前气短，向米朵保证在她考上大学之前绝不考虑再婚的事。后来，那个小女老板的生意又渐渐有了起色，见米朵爸爸没有和她结婚的意思，就干脆躲开，去了遥远的深圳发展了。但米朵知道，爸爸其实一直没忘记那个女人，一开始偶尔鬼鬼祟祟地给那个女人打电话，后来可能那女人不想再跟米朵的爸爸这么无聊地纠缠下去，换了电话号码或者又找了别人。自那之后，爸爸变得更加孤独沉默，常常在半夜里偷偷给那个女人写信。那些信当然都是查无此人都退回来了，但爸爸还是坚持写，这也许是他排遣孤独的一种方式吧。

米朵被爸爸打了一个耳光之后，气恼委屈地关上卧室的门，凌晨 4 点就离家出走了。

米朵再回来，不仅是因为看到了警方发的寻人微博，关键是微博上说爸爸因为四处惊慌地寻找自己，出了车祸，微博上有爸爸躺在病床上缠满绷带的照片。

米朵吓傻了般地跑到医院，爸爸却已气若游丝，最后交给米朵一把钥匙。

米朵回家打开那个抽屉，里面有一张二十几万元的存折，还有那半抽屉被退回来的“情书”。米朵每拆开一封，里面却都是“杨慧……”

杨慧是米朵的妈妈。

“杨慧，米朵总是问你什么时候回来，我总是说快了，她都厌倦了，她感觉到了是我在骗她。”

“杨慧，米朵第一次来了例假，我不知道该怎么跟她沟通，幸好有楼下的张姐……”

“杨慧，米朵今年考上重点高中了，我真高兴，你在那边也应该有知，替她高兴吧……”

米朵傻了，这到底是怎么回事……

米朵把所有的信都看完了，原来，当年妈妈不是去国外做大生意，也不是无聊的街坊说的跟大款跑了，而是米朵的姥姥得了尿毒症，妈妈移植一颗肾脏给姥姥，手术却意外失败了，两个人都没活多久……

那时候，爸爸不知道怎么给 7 岁的米朵说人死这回事，更不想让米朵知道事情的真相，让她增加“是姥姥害了妈妈”的仇恨……

米朵满眼泪光，像一下子长大了很多。世间就是这样，有些长大，就是伴着些疼痛的。

每一份你看似的软弱，其实都是最大的坚强

所有的坚强背后，都有着不可与人说的过往；所有的软弱身后，也都藏着一份刻骨的沧海曾经。

从小到大，在菲菲的眼里，妈妈称得上出色：漂亮优雅、有学识、有能力，也很要强。

妈妈在一所市重点中学教书，两个班的语文一教就是二十几年，因为工作认真、努力，成绩突出，所以一直被安排教毕业班，年年都评先进。工作压力和工作量可想而知，每天早出晚归，忙得不可开交。

可是在家里，菲菲却觉得妈妈是个软弱的女人。

对父亲向来都是言听计从，几乎从没跟爸爸红过脸、更没吵过架。可是不管有多忙，妈妈还是坚持每天都把菜买回来、把饭做好、洗好一家人的衣服，把家里收拾得干干净净、井井有条，尤其是每天临睡前都给爸爸打好洗

脚水，亲自用手指试一下水温，几乎是把爸爸伺候得像个“老爷”。爸爸却经常冲妈妈挑三拣四地乱发脾气：不是嫌菜淡了、就是嫌汤咸了……而妈妈总是一言不发地去给爸爸重做。

随着年龄长大，菲菲越来越看不惯爸爸的颐指气使，时常顶撞爸爸。爸爸尽管脾气坏，但对她这个女儿却向来都是宠爱的，拿她没办法。可每当这时，妈妈总是把她扯到一旁说：“菲菲，不要跟爸爸这样说话。”还好言好语地劝爸爸不要生小孩子的气。

日子久了，菲菲看着妈妈唯唯诺诺的样子，竟觉不出可怜同情来了，倒是有些让人不屑。菲菲说：“我长大了决不做你那样的软弱女人。”

妈妈却笑着说：“你不懂，等你长大了也许你就明白了。”

菲菲不明白，菲菲也不想明白。菲菲漂亮、学习又好，无论在家里还是在学校都是个骄傲的女孩儿，像个公主。

菲菲一路骄傲着：从重点中学考到重点大学，毕业后进了一家待遇优厚的外企，工作出色、业绩骄人，一步步提拔到部门主管。可她的爱情却一直空档，因为她的冷艳孤傲，让好多男生对她望而却步。其实，菲菲的心里对婚姻一直暗藏着一种本能的恐惧、抗拒。

直到半年前，妈妈似乎毫无征兆地病倒，是乳腺癌。那一阵，一向大事不管、小事不问的爸爸似乎一下子就苍老了许多，像个无助的孩子。可他却坚持一个人在医院伺候妈妈，衣不解带地寸步不离。妈妈尽管被要命的病痛折磨，但还是努力地时而向爸爸笑着，反倒像安慰孩子一样地安慰爸爸说她没事，一切都会过去，一切都会慢慢好起来的。爸爸的眼神变得无助迷离，手不知往哪儿放、脚不知往哪儿踩地惊慌。菲菲送饭来喂妈妈吃，吃完了去洗碗具，好几次看到爸爸靠在病房外走廊的墙上抖动着嘴唇、哽咽着无声地流泪……

那天，妈妈牢牢地捉住菲菲的手说：“菲菲，我最放心不下的还是你爸爸呀，这么多年了他心里也苦着呢。你知道你爸爸当初在机电厂当厂办室主任，当时机电厂还是个国家二级企业呢，那时候的他工资几乎是妈妈的 3 倍还多。可是后来企业改制，没有任何技术专长又不会巴结逢迎的他就下岗了，只好去一些民营企业打散工。从那以后你爸爸的脾气越来越坏……但他对我们还是一心一意的，因为他是我们至亲的人啊！你不知道，那些年他为了买房子、为了给你挣学费什么脏活儿、什么累活都干过，因为怕人家笑话他还偷偷地跑到东城去摆过地摊儿卖袜子、鞋垫，被街头小流氓欺负……”

妈妈的眼泪流下来，菲菲也心酸地红肿了眼睛，似乎一刹那对妈妈软弱的不屑和对爸爸的埋怨、憎恨都释然了。

两个月后，妈妈走了。那个家一下子空得冰凉。妈妈留下的最后一句话是：“要好好照顾你爸爸呀！”菲菲收拾妈妈的遗物，在储藏室的一个小木箱子里发现一个蓝色塑料皮的日记本。日记本的扉页上用蓝黑墨水的钢笔写着那句：你若不离不弃，我必生死相依。

菲菲一口气把日记本读完，那是属于妈妈十八岁的青春和她一生为之坚守的爱情。

原来，当年，菲菲的爸妈是班里的一对优秀的金童玉女。懵懂的青春给了他们美好的初恋。可是命运弄人，在那场荒唐的运动里，妈妈的父母双双被打成右派，妈妈一下子从高傲的公主沦为人人唾弃、欺负的可怜丫头。一次放学后，妈妈被几个造反派堵在胡同里骚扰纠缠，直觉中慌忙赶来的爸爸不顾一切地冲上前去，身中数刀，那一次，爸爸差一点就没命了……

菲菲终于明白：妈妈那一生的软弱，原来不是软弱，而是用生死无畏无怨无悔地去爱上一个人，就愿付出所有，就是心甘情愿地为他做一切事，哪怕是要忍受他的坏脾气。爱，就是爱着他的优点、疼着他的缺点……

就连张爱玲这样的传奇女子都说：于千万人之中遇见你所要遇见的人，于千万年之中，时间的无涯的荒野里，没有早一步，也没有晚一步。

遇见你，我变得很低很低，一直低到尘埃里去，但我的心是欢喜的。因为爱过，所以慈悲；因为懂得，所以宽容。

那不是软弱，而是一个女人天性的柔弱，是一个女人心甘情愿对爱情低首——最美丽的姿势。

菲菲对自己说：但愿我幸运，也能像妈妈一样。

好在春天来了，一切都有可能。

别伤害他，他那么可爱

假如世界伤害了你，请别把这种伤害带给你的孩子，他还那么小。

吴波的儿子小东9岁了，长得白白净净，很可爱，可就是呆头呆脑的，胆子还特别小，见了人连大声说话都不敢。最近更是躲躲闪闪、沉默寡言，尤其在吴波面前连大气都不敢喘了。原因是吴波现在每天都板着脸，要不就喝得醉醺醺的，时常冲儿子小东大呼小喝，吓得小东像老鼠见了猫一样，一听吴波说话，就浑身打哆嗦。

不久前，吴波跟妻子大吵一架，一气之下动手把妻子打了。妻子伤心绝望地回了乡下老家，没几天大舅哥带人找上门来，把吴波教训了一顿，还扇了他一巴掌，要吴波去跟妻子道歉，要不就等着离婚吧。吴波不服气地说："离就离，谁怕谁。"

吴波跟妻子吵架的原因就是因为小东。小东不是他们的亲生儿子，吴波患有不育症，小东是九年前吴波打工的厂子里一对外地夫妇生的，说他们已经有两个孩子了，家里太穷养不起，两万块钱愿意把孩子给他，吴波很高兴地接受了。那对夫妇很快也辞了工，回老家了。可是到了小东 6 岁的时候，吴波和妻子才发现小东的“不对”，这孩子智力有问题，10 以内的加法学了 3 年也没学会。两口子很纠结，想把小东还回去，可那对夫妇怎么也联系不上了，电话换了，留的老家的地址竟然也是假的，后来他们听以前的一个工友说，那对夫妇根本就不是两口子，是长年在外地打工凑到一起的“临时夫妻”。当初高高兴兴有了的儿子，现在变成让人发愁的“一辈子的累赘”。两口子经常为这个争吵，互相埋怨。这次闹到离婚的地步，是吴波的妻子在气头上骂了吴波“无能”，吴波恼羞成怒，才动手打了妻子。

这天周六，吴波又就着一盘花生米喝闷酒，转脸看见坐在沙发上看动画片的小东正偷偷地笑，就吼道：“整天就知道看这破玩意儿，去！上楼下买两屉包子来，今天不做饭了。”吴波扔给小东 20 块钱。小东吓得连忙收住笑容，捡起钱，跑出门外。

可是，吴波的两碗酒又下肚了，小东还没回来。吴波不禁一肚子气，心里骂：“这小浑蛋肯定趁机又在外面疯玩去了，等他回来得好好收拾他一顿。”正这么想着，小东气喘吁吁地跑进门来，脸通红，头上湿湿的发梢儿还冒着热气，手里并没有包子。

吴波瞪着眼吼道：“你买的包子呢？是不是又找哪个野孩子疯玩去啦？”这时，小东怯怯地敞开棉衣，从怀里掏出一袋包子来，双手举到吴波面前，眼神怕怕地看着吴波，不敢言语。吴波有些疑惑，质问小东：“说！怎么回事，怎么去这么久，你上美国买包子去啦？”

小东浑身打着哆嗦怯怯地说："楼下那家卖包子的没开门，在别家买的……"

吴波这才恍然想起来楼下那家包子铺的老板年前就说回老家不打算回来了，小东这是跑到别的街上去买的包子，还怕包子凉了回来挨训，所以把包子揣到了怀里。吴波接过那袋还热乎乎的包子，又看着浑身打着哆嗦、不停地来回跺着脚的小东竟然穿着拖鞋，原来是刚才他紧张害怕，穿着拖鞋就跑出去了。吴波看着依然紧张害怕着、可怜得像只小流浪猫的小东，突然觉得自己很浑蛋，眼一下子也胀得发疼，咬着嘴唇骂道："你傻呀，楼下没包子你不会上来说一声，咱又不是非得吃包子……"

吴波放下包子，把小东摁到沙发上，拽过他冻得通红的一双小脚，捧在手掌里用手使劲地搓着……

"想你妈吗？"

"想。"小东低低地说。

"好，明天咱俩接你妈去。"吴波看见小东又胆怯地偷笑了一下。吴波转过脸去，泪流满面……

天下不一样，唯有爱雷同

世界万千，人间万千，总是各有不同。唯有情，这件事，千丝万缕，最后都织成了爱的模样。

3个月的产假眼看就要到期了，尽管吴小莉也舍不得胖嘟嘟、已经开始会笑的儿子，但有什么办法呢，现在找一份工作实在是太难了，自己要不回去上班，那20多万的房贷真不知什么时候才能还清。双方乡下的父母身体不好来不了，得抓紧时间找保姆。

吴小莉经过在网上一番精心筛选，终于选择了一家信誉特别好的家政公司，打去了电话。第二天上午8点，门铃响了。说是家政公司派来的保姆。吴小莉打开门，一个看上去二十七八岁、面目清秀的小媳妇模样的保姆站在门口："您好，我叫陈小玉……"

吴小莉客气地把保姆小玉让进了屋。经过一番认真的询问之后，小玉对吴小莉提出的诸多育儿问题一一进行了回答。吴小莉觉得还不错，但还是不免有点担心。

谁知道她是不是只凭一张好嘴。于是就和小保姆约定了 3 天的试用期。

小玉爽快地答应了。

3 天试用期过后，保姆小玉不但把孩子照看得很好，并且把家里也收拾得井井有条。吴小莉的一颗心终于放到了肚子里。第二天就安心地去公司报到了。

一个多月下来，看着保姆小玉把儿子喂得又白又胖的，一点病也没生。吴小莉心里真是踏实了：这保姆真是请着了。虽然一个月 3500 块钱，贵是贵了点儿。但绝对值。

这天，吴小莉和同事小米一起去邻城谈一笔业务。在车上，小莉拿出手机看宝贝儿子的照片，一张张地看个没够，同事小米也好奇地凑过来看，俩人聊着聊着小家伙自然而然地就聊到了请的保姆身上。吴小莉说："我们家这小保姆还真是不错……"吴小莉说了一通之后，没想到同事小米突然一脸坏笑地说："那你们家这小保姆漂不漂亮啊？要是漂亮的话你可得加点小心。现在网上、电视上经常说男雇主和小保姆之间发生些花花事儿，骗钱骗物，甚至还有敢破坏家庭的，别到时候小保姆摇身一变成了小三……"

吴小莉嗔怪道："去一边儿去！小屁孩儿懂什么，猫扑网看多了吧……"知道这是小米在和她开玩笑。

但女人就是女人，后来，吴小莉还真出其不意地回来查过几回岗。

可什么风吹草动也没有，老公孙军在书房里写程序，小保姆守着儿子睡觉，竟然连电视也不看。可是好景不长，还真发生了一件事，让小莉挺生气。

因为，只要她一歇班儿在家，保姆小玉就会找各种理由出去，有时候甚至一出去就是大半天。本来自己好不容易歇一回班，就是想在家里好好休息的，这可倒好，自己成了替班的了。但这话又不能说得太直接，因为毕竟她和老公两个人都在上班，孩子主要还是保姆小玉带着，并且也带得不错。把她惹烦了，总不是什么好事，这年头好保姆难找。

这天，小莉歇班在家，保姆小玉又请假说要出去一趟。

吴小莉实在忍不住了，拉下脸来说："你怎么老出去呀，有什么重要的事？"

小保姆的脸一红，支支吾吾地说："我、我、我跟人约好了。"

看着保姆小玉一脸特别想出去、不愿待在家里的表情，吴小丽不耐烦地说："行了、行了，走吧、走吧。完了事儿赶紧回来呀……"

保姆小玉走后，孩子又拉又尿，连哭带闹，可把她忙活得够呛。小莉不高兴地嘟嘟囔囔地抱怨："你说这个小玉，照顾孩子的确还行，可是一有空她就想办法往外溜……"

正在电脑前写程序的孙军安慰说："谁没个大事小情的，任谁整天光在家里这么死摽着也受不了，还不允许人家出去透口气呀。"

一听这个小莉一下子就恼了，"啧、啧、啧！这才几天哪，竟然还护上了呀。是不是这阵子我出差不在家，和人家处出感情来了……"本来是句玩笑话，没想到孙军竟然恼红了脸，向她吼了句："无聊！"然后抱起电脑转身钻进书房不出来了。

吴小莉心里这个气呀，冲着书房嚷道："等我找个又老又丑的，立马就把她换了，看你还心疼……"

孙军任她嘟囔，再没理她。半个小时后，孙军从屋里出来，说要去公司拿个文件，出门走了。

吴小莉一个人在家带着儿子，儿子好像却不乐意跟她似的，老一个劲儿地哭闹。吴小莉只好带儿子到楼下小区院子里的小广场玩，可是等她把门关上的那一刻，才猛地一惊：钥匙和手机都落屋里了。

好在孙军的公司就在小区附近。

吴小莉打了个车，来到孙军公司，门口值班的保安要吴小莉登记，可没想到吴小莉报出孙军的名字以后，保安说从早上到现在根本就没人来公司加班，也没看见孙军。

吴小莉的头一下子晕了……

吴小莉借用保安的手机给孙军打电话。电话通了之后，孙军却不耐烦地说："不是给你说了吗？在公司加班呗，你别唠叨了好不好，一会儿就回去了……"

吴小莉心里这个气呀，在电话里吼道："不行，现在马上回来，家里有事。"

吴小莉打车回到小区门口，可等她抱着孩子下了车时，却被眼前的一幕给惊呆了。

因为她竟然看见孙军和保姆小玉一前一后从同一辆出租车里钻出来，俩人还小声地嘀咕着什么……

吴小莉抱着孩子冲了过去，大声喝道："你们这对狗男女，说！到底干什么去啦？"

保姆小玉的脸一下子就绿了，忙上前来说："吴姐，你听我解释……"吴小莉心里的火一下比一下快地往上蹿，张口骂道："滚一边儿去，小骚货！"

可是还没等到吴小莉质问孙军，没想到孙军倒先火了，冲上来阴着脸嚷道：“吴小莉，你想干吗？别在这胡咧咧……”说着抱过孩子、扯着吴小莉回了家，保姆小玉担惊受怕地跟在后面……

开了门，吴小莉阴着脸坐到客厅的沙发上，瞪着站在一旁不停地搓着手的保姆小玉说道：“说说吧，怎么回事？”

保姆小玉抬眼瞅了瞅孙军，好像很难开口。

“怎么，还不好意思呀？你不要脸好意思干，怎么就不好意思说呀？”吴小莉强忍着怒火咬牙切齿地说道。

孙军忙上前抢着说道：“你别没弄清事实就信口雌黄，冤枉好人。这事儿我说吧……”

原来，保姆小玉也有个儿子，今年9岁了，本来是放在老家的留守儿童，可是半年前学校的校车出了事故，死了五六个孩子，小玉的儿子所幸只受了点轻伤。可是小玉再也放心不下，就把孩子从乡下接了来。好不容易花钱托人办好了转学手续，也入了学，可没上几天，儿子说什么也不去了。儿子说同学们都笑话他，因为在英语课上他竟然连26个英文字母都不会念，把ABCD念成了“啊、玻、雌、得”。小玉请不起每天两个小时100块钱的家教，只好买了教学光盘和一台旧电脑让儿子跟着录像学。可是她和做保洁的丈夫都没空守着儿子学，所以小玉一得闲的时候，就得回去一趟。可令人恼头的是，那台从废品收购站花300块钱买来的旧电脑还老是死机。小玉知道孙军是学电脑的，所以就对孙军说了实情。孙军就有点同情起小玉来了，因为他自己当初也是因为父母长年外出打工，一直被寄养在姥姥家。每次修好电脑后，孙军还会帮忙给小玉的儿子辅导一会儿英语。今天，是那台破电脑又死机了。

可是孙军刚和吴小莉吵完架，又不好意思说去给保姆小玉修电脑。就这么误会了。

“那你不早说清楚……”尽管吴小莉还是一肚子的气，但声音明显小了。保姆小玉红着脸说：“我是怕吴姐你把我辞了，所以才没敢告诉你。现在好多城里人可挑剔了，因为儿子的事，我已经被两家雇主辞退过了……”

看着保姆小玉一脸愧疚、为难的样子，丈夫孙军忙上前插言道：“咱都是为人父母的，看在孩子的分儿上就互相体谅一下吧……”

“那谁体谅我呀！”吴小莉生气地说，但口气已明显缓和下来，“我看这样吧，要不下周末你把孩子带家来吧，用我们家电脑……”

“那多不好哇！吴姐……”保姆小玉忙推辞着，有点不好意思地说。

“咱都是一样的事，不都是为了孩子好嘛。再说了你们这样就好哇？也不想想你们都走了，我一个人在家里忙得过来吗？……”吴小莉嗔怪道。几个人都不好意思地笑了。

父母的身份千差万别，但他们的爱从来没有贵贱之分。

别恨我，那会伤到你自己

有些恨，缘由是因为爱；有些事，努力到最后，终会成为爱。

林小峰大专毕业一年多了，还在家啃老。每天，在家不是玩电脑游戏，就是叫一帮狐朋狗友来家里抽烟、喝酒、斗地主，弄得家里乌烟瘴气、满屋子垃圾，还不收拾。林小峰是故意这么做的。

这天，林小峰又召集了几个小哥儿们在家里折腾，爸爸林文通下班回家一看又火冒三丈起来："你个小浑蛋！你到底想怎样……"林文通上来就揪住林小峰的衣领要打。那几个来玩的小哥儿们见状，慌忙逃走了。

宋丽忙从身后跑过来死死拽住林文通不让他打林小峰："行了、行了，老林，小峰这样也不是一天两天了。我今天上午给他联系了一家公司，人家答应让他去试试工……"

宋丽是林小峰的后妈。

“宋丽，你少猫哭耗子假慈悲！你不就嫌我在家碍眼吗？你就是叫我去做美国总统，我也懒得去！我就在家待着，我花我老子的钱天经地义，我就是不花也早晚全让你卷了去……”林小峰瞪红了眼珠子从林文通手里挣脱开来冲宋丽吼道。

“滚！你给我滚！马上滚！从今往后我没你这个儿子，家里要不要你这个又废物、又浑蛋的东西没什么两样……”这次林文通真是火了。

“好，这是你说的。你可别后悔！”林小峰指着林文通的鼻子叫嚣道，“你就跟你的小狐狸精一起混吧，早晚有你后悔的那天，到时你连哭都找不着门儿。”林小峰说完这句摔上门气呼呼地走了。

高三那年，林小峰的妈妈因病去世。可是不到半年，爸爸就跟年轻漂亮的宋丽勾搭上了。这事儿是林小峰有一天放学回家发现的，那天他看见宋丽在家里搂着爸爸的身体不放……

林小峰气不过，本来学习不错的他，成绩一落千丈，结果高考时只考上了个专科。虽然，宋丽是林小峰上大学后一年多才嫁给林文通的，但林小峰还是对他们恨得咬牙切齿。

虽然宋丽一直特别温柔贤惠，对林小峰也是处处小心，并且百般讨好他。但林小峰对这个登堂入室的女人还是一直充满敌意，处处与她对着干，因为他认定跟林文通差 15 岁的宋丽根本就不可能真心和爸爸白头到老，她就是冲爸爸的钱来的，先哄住爸爸一阵子，然后找个借口离婚，最后卷一大半钱走人。

林小峰去找他那几个哥儿们，一起吃喝玩儿了几天，人家就都开始躲着他了。林小峰兜里只剩下几十块钱了。这天晚上，他正在一家网吧啃着方便面上网，突然有人从身后拍了拍他的肩膀。

林小峰回头一看，是宋丽。

宋丽说：“小峰，我找你好几天了。跟我回去吧，你爸爸也是一时恼怒。你放心，你回家后有什么事儿，我替你顶着……”

“嘁！”林小峰不屑一声，“你甭替我顶着了，你要真想办点人事儿，你先给我点儿钱吧。”林小峰把手伸到宋丽面前。

宋丽只好拿出钱包，林小峰上去一把就把钱包抢了过来，把里面的一沓百元大钞全攥到了手里，然后把钱包丢给宋丽说：“行了，你走吧。”

宋丽没办法，只好摇着头叹息着走了。

可是没过一个星期，林小峰就把那两千多块钱快花光了。这天他偷偷地溜回家找钱，顺便想把电脑也搬走，因为朋友已给他打听着租了一个房子。

正当他在爸爸和宋丽的卧室里翻钱的时候，突然听见宋丽和另外一个女人说着话进了家门，他连忙藏到了门后。

宋丽和那个女人坐在客厅里聊天，可是聊着聊着，让林小峰越听越气。

“你说虽然你嫁了个大老板，过上这种富足的生活，可听说他那个小子没少给你气受。老林说你还处处让着他，给他钱花，哄他高兴。你怕他做什么，没必要这样……”

“唉，这有什么办法呢？我那还不是做给老林看的，再说了我也不是怕他，他一个不务正业的小毛孩子有什么可怕的。我现在拿钱哄着他玩，一来是收买他，让他别老跟我对着干；二来是他最好是越废物、越不争气越好。这样将来老林老了，这公司还不是交给我打理，到时候我攥着财政大权，他们想不听我的都难……”

林小峰听着气得浑身发抖，终于忍不住冲了出来：“你这蛇蝎心肠的女人，早晚一天让你好看！”摔门走了。

林小峰跑到爸爸公司，把他在家里听到的，一五一十地告诉了爸爸。

没想到林文通一脸不屑地苦笑道：“你小子少来这套，不用来挑拨离间，你心里想什么我知道。再说了，就算是，我也认栽，反正你这么不争气，我也指望不上你什么……”

林小峰一听这个，心里这个气呀，本来自己是好心来拯救自己家业的，没想到竟然让被宋丽迷惑的爸爸这么说自己。他咬着牙说：“你等着吧，早晚有一天你会后悔！这公司当初可是妈妈和你千辛万苦一起拼出来的，我绝不会让那个坏女人得逞……”

半年之后，林小峰跑到爸爸公司把一张成绩单拍到爸爸林文通的办公桌上，那是一张注册会计师考试的结果，他说要来公司上班。

林文通又惊又喜地从座位上跳起来：“你小子，总算上道儿了……”

林小峰说还要回家一趟，把这个也告诉宋丽，好让她死心。

可是俩人回到家后，却见宋丽弄了满满一大桌子菜，说正等着他们呢，还有另外一个女人，就是那天林小峰回家偷钱撞见的和宋丽聊天的那个女人。

林小峰有点丈二和尚摸不着头脑。林文通笑着说：“傻小子，你还是嫩哪，实话告诉你吧……”

原来，林小峰离家出走那些日子。宋丽一直暗中用手机软件“跟踪”林小峰。宋丽知道林小峰心里的疙瘩解不开，但他这样一直不听劝说，不务正业下去，真担心他就这么废了。那天，宋丽突然“发现”林小峰回家了。于是就约上同事演了一场戏。从林小峰的病根儿上想办法，好刺激林小峰回归正途。

林小峰听着宋丽那个女同事一句句地说着事情的过程，有些恍惚，但到最后还是有些不屑："得了吧，她有那么好心。谁知道你们今天是不是又在演戏……"

宋丽的眼泪一下子就下来了。

林文通一下子黑了脸说道："臭小子，你又想要浑蛋是不！你等着，我给你拿样东西看。"说着走进卧室，从保险柜里拿出一个文件袋来扔到林小峰面前："你自己看吧！也别光看字，也看看人的良心。"

林小峰打开那个文件袋，看着里面的协议傻了。

原来，是林小峰的妈妈托付宋丽照顾林文通父子的。而宋丽是林小峰妈妈资助过的一位视力只有零点几的半盲孤儿，后来又把她招进公司，给了她一份可以养活自己的工作。宋丽一直对此大恩心怀感激，工作特别卖力。林文通夫妇也特别喜欢宋丽。林小峰的妈妈病危后，说出了自己的愿望，但对宋丽说不是强求她，她尊重宋丽的真实意愿。宋丽毫无迟疑地答应了。林小峰的妈妈说愿意把自己的眼角膜无偿地捐献给宋丽……

林文通说："小峰，你知道你妈妈临走拽着你宋阿姨的手说什么吗？她说'你要替我看着小峰长大'……"林文通说，这个秘密一直保守到现在，就是怕心里一直就有疙瘩又自暴自弃的林小峰因为宋丽要了妈妈的眼睛，再生忌恨。林文通说："现在你成熟了，心里能明白事儿了。另外我再告诉你件事儿，前些日子，你宋阿姨还逼着我和她去办了财产公证，说将来要是离婚，她不要这个家里一分钱。何去何从，你自己看着办吧？"

林小峰吃惊地看着宋丽的那双似陌生又熟悉的眼睛，张开了口，但没说出声来，那口型像是“妈”……

在感情里，有些角色也许是永远都无法替代的，但在心里的位置，却能慢慢改变，只要你是怀着爱。

最好的礼物

每一个孩子的心里，都藏着一份与生俱来的坚定，那份坚定一直陪他慢慢成长，从一棵小幼苗长成参天大树。

通过公务员考试后，我被安排进了县教育局办公室工作。父母交代我一定要好好干，不能叫领导失望。可是上了多半年班以后，我才发现每天除了接打电话、送发文件通知之类的跑腿活儿，根本就没什么重要的事可以好好干。

一天上午快下班的时候，我们办公室的几个人正在闲唠，百无聊赖地等着下班钟点儿。忽然，门口响起了一阵脚步声，我们都以为又是哪个领导搞突然袭击来查岗，急忙刹住话题，坐正了身子，拿起桌上的报纸装模作样起来。

谁知，门口出现的竟然是一个十一二岁小男孩儿的身影，他站在门口，畏畏缩缩地往里面张望。我们立马把气松下来。“喂，你找谁？”同事张大姐冷冷地问，显然是埋怨他刚才把我们吓了一跳。小男孩儿似乎有些害怕，慢吞吞地走了进来，红着脸望着我们说：“我……我想办休学。”

“什么？”我们一屋的人都惊呆了，办这种事的都是家长来办，哪有一个小孩子自己来办休学的。

“这事我们办不了！要想办让你大人来吧。”张大姐抬头看了看墙上的钟表已到了下班的钟点儿，拿起包就往外走，我们几个也跟着往外走。

从单位出来，我骑上车子正想往家赶，却发现那个小男孩儿坐在单位旁边的马路牙子上哭。

我停下车子，走到他跟前问他：“你怎么还不回家呀？”小男孩抬起头，红肿的眼里充满无助的眼神……

我说：“要是真想办休学，就让你爸爸来吧……”“我没爸爸。”男孩儿怯怯懦懦地说。

“那你妈呢？”

“妈妈病了……”小男孩儿说他是实验小学六年级（5）班的学生，三岁大的时候，爸爸从家里走了就再没有回来，他一直和母亲还有年迈的姥姥三个人一起生活，相依为命。可是最近妈妈突然病倒了，住进医院。姥姥年岁大，身体也不好，连爬楼梯都困难，根本照顾不了病重的妈妈，所以他就想来办休学去医院照顾妈妈。

看着小男孩儿伤心难过的样子，我问：“那你来办休学，你妈妈知道吗？”

“不知道。”小男孩儿一脸羞愧地说。“要是这样的话，那可不行。我们是不会接受一个未成年孩子的申请办理休学的，这不符合规定……”

听我这么说，小男孩儿眼里的泪又掉下一大串来……

看着小男孩儿伤心的样子，我思忖了片刻，于是说："要不我看这样吧，我跟你去趟医院，问问你妈妈的意见，如果她同意，我会想办法帮你……"

小男孩儿马上露出了高兴的笑容。

我骑车带小男孩儿来到县医院，小男孩儿的妈妈对我这个陌生人的来访，感到很吃惊，当小男孩儿一五一十地把事情的经过说完以后，双手掩面哽咽起来……

原来她得的是白血病，并且已病得很厉害，生活几乎不能自理：不能自己吃饭，大小便都要在床上进行，而 12 岁的儿子为了照顾她，每天要往返医院四五次，除了做好每天的一日三餐，还要帮她擦身、洗脚、按摩、洗衣服……

听着、听着，我的眼也不禁湿了……

可小男孩儿的妈妈却说："我不能让孩子休学！我看我怎么也就这样了，不能再耽误孩子……"

小男孩儿却一脸严肃地说："妈妈，不……"

看着这对母子都流着泪推来让去的情景，我一时间也心绪难宁。我转身走出病房，小男孩儿追出来，扯住我的衣角说："叔叔，你答应帮助我的，你一定要说话算话……"

下午回到单位后，同事们处理完日常的杂事，又热火地聊起天来，而我却怎么也安不下心来。医院里，小男孩儿和他母亲的影子总在我眼前晃来晃去。于是我写了一篇小稿，发给了报社。

几天后，报社的记者来到单位了解情况。局领导立即召集相关人员开会研究，但决定不给小男孩儿办休学，而是计划为他搞一个"爱心捐助"，并且决定从局机关派几名志愿者轮流到医院照顾小男孩儿的妈妈。这样既保证了他不耽误学习，还能多少能帮助一下这个困难家庭。我第一个报了名。

在跟医院的沟通与了解过程当中，得知孩子的母亲必须要做骨髓移植手术，才有一线康复的希望，可是骨髓库却一直没有合适的配型，我们打算在网上向社会求助。

可是这天，医院却给我们打来电话，说小男孩儿打算亲自为母亲捐献骨髓。我们都震惊了，连忙跑去医院。

医院的主治大夫说，小男孩儿的母亲如果现在不马上手术的话，最多只有 3 个多月的生命了。我们问，如果手术，对孩子的身体会不会有影响。大夫说，影响肯定是有的，但手术成功的话，问题不大。只是手术的过程很痛苦，我们怕他这么大的孩子会承受不了。所以，没有监护人的同意，手术我们是不会做的。

听大夫这么说，小男孩儿哭着让我们去劝劝他的妈妈，说他不想失去妈妈。

我们也跟着难过、为难，一边是孩子很快就要失去妈妈，一边是孩子要忍受手术痛苦和危险兴许能给母亲一线生的希望。

当小男孩儿扑在病床前流了一脸的泪说:“妈妈，我不想失去你……”时，我们终于红着眼睛说出了那句:“不如给自己一次机会，也给孩子一份希望吧……”

小男孩儿的妈妈抱着儿子泪流满面，终于点头答应手术。

手术按照既定的方案进行，可小男孩儿在注射“动员剂”时，却坚决不使用止疼针，因为他怕会对自己输给母亲的骨髓造成不良的影响，结果他出现了意料之中的强烈反应，一个只有12岁大的孩子终于暴露出了他的脆弱……

他开始频繁地呕吐、眩晕，出虚汗，当我和医护人员试图为他脱下一层衣服时，他却在迷迷糊糊之中双手死死地拽紧了拉链，不让我们脱。

他说："我怕自己感冒了，会对妈妈的手术造成不好的影响，那样就前功尽弃了……"

面对这个只有12岁，坚强而懂事的孩子，我们不知再说些什么好……

艰难的忍耐过后，小男孩儿终于渐渐恢复正常。两间手术室，这边的母亲流着泪对大夫说："要尽量少抽一点，不能对孩子的身体造成伤害，否则我会后悔一辈子……"那边，麻醉前的孩子笑着对大夫说："要尽量多抽一点，这样才能最大限度上的管用……"

好多人都是哭着从手术室里出来的。

一个星期后，手术的结果是个奇迹，也是所有人都盼望、惊喜的。母亲的各项指标已渐渐恢复正常。小男孩儿笑着说："太好了，我终于不用担心妈妈会离开我了……"

母亲说："我怎么也没有想到，我给了儿子生命，他也可以给我生命。尽管这是我所不愿意的，但我还是要感谢我儿子，他是上天赐给我最好的礼物。等我好了以后，一定用我的一辈子来好好疼他……"

我想：也许那份深深的母子爱，才是上天赐予这温暖人间最好的礼物吧。

无名之辈的幸福

天下有那么多卑微的父母，但天下从来没有一份卑微的爱；世间有那么多的无名之辈，但他们又都同样拥有一个名字，那就是爱。

东子来城里打工已七年，做过饭店的服务生，送过快递，装过空调，都没能干得长久，因为挣的钱总是不够花。一年前，东子跟了一个师傅开始在建筑工地开塔吊，一天可以挣到 150 块钱。

三十几岁的东子每天大清早骑着一辆沾满了泥土的杂牌电动车从 30 里外的乡下赶到城区的工地，每天晚上将近 8 点又骑上那辆电动车渐行渐远地消失在城市夜色尽头。如此循环往复，日复一日，春秋冬夏。我每天中午下班的路上，都会看到东子提着一个大似暖水瓶的蓝色塑料水杯从工地上出来，去对面的一个简易棚子搭成的饼店吃饭，估计他是要在饭后从那里装一大壶水回去，才能在塔吊上高达 30 多米的铁皮盒子里于这炎炎夏日熬过连续的六七个钟头。

那天周日，工地上不知什么原因停了电，一伙人在工地旁边的树下脱光了膀子围在一起打牌。东子抱了他那个大蓝塑料水杯在一旁观瞧。我走上前去，不是想凑这个热闹，而是想和一直熟悉却从未照面说过话的东子攀谈几句。

“怎么不和他们打牌？”我径直地问道。

“不会。”东子转脸望了我一眼说道。

“真难得呀！没想到像你们这样的人还有不会打牌的。我也不会打这个，咱俩一样……”话说出去了又有些后悔，担心所说的“你们这样的人”是不是带有某种色彩的“歧视”（其实自己心里倒没有这么想），好在东子并没有在意，或者根本就没有意识到。不禁为自己的“小”有些羞惭。

和东子有一搭没一搭地闲聊。“你一天挣 150 块，是我工资的 3 倍还多呢！”东子憨笑了一下说：“莫取笑我们这样的人，哪里能这么比呢？你们每天坐在办公室里，风吹不着、日晒不着，到时候钱就打到卡上。再说，你们还可以涨工资、升职当官，有前途。哪像我们，今天有活干，明天还不知道到哪里去讨营生……”

“反正你现在能多挣一点儿钱，可以攒下一些，将来自己做个生意，也能发财呀！”

“这点钱挣得还不如花得快，有老人、有孩子，还要买化肥、农药，买农机，盖房子，都需要花钱。再说自己也没做生意的那个头脑……”

“是呀！老人孩子谁都有。干什么有干什么的辛苦和难处。”

“对，说这个我同意，都不容易……”东子的这句话虽然简单，但却让我诸多感触。像我们这样坐在单位里的人，虽然不像东子那样付出那么多体力上的辛苦，但个中无奈、忐忑与纠结只有自知。不是尔虞我诈、蝇营狗苟，便是平庸抱怨的人，相比之下，东子仅需要付出体力上的辛苦倒显得轻松了。

几天后的一个周日，带儿子去商场，恰巧碰到东子带了9岁的女儿来城里玩，孩子上身穿着一件似乎是刚买的新上衣，因为看到商标还没有撕去，下身却穿着一条有些脏的旧裤子，很不协调。

一块儿进了商场，东子说给女儿买个新书包，我帮忙选了一个中档价位的。从商场里出来，东子的女儿抱着印有漂亮的“喜羊羊”图案的书包开心欢喜得不行。东子说：“这次买了新书包，过年的时候一定得给我考个第一名回来！”孩子仰起小脸瞪着大大的眼睛，然后重重地点头“嗯”着。

就在这一刻，我的心里某个柔软的部位被深深地触动。

如果真的有秘密，那答案也唯独是爱

原谅我对你隐瞒了一些真相，我只是不想让它伤害你。我们之间本不应该有秘密，如果有，那秘密的答案唯独是爱。

爱娣今年 33 岁了，可是还没能嫁出去。不是她长得有多么难看，也不是她有什么毛病，而是她带着一个 10 岁的孩子。

当初，爱娣把还吃奶的萌萌从广州带回来的时候，根本没人相信她所说的是在厂区宿舍门口捡的。村里的风言风语传得铺天盖地、沸沸扬扬：“什么捡的呀，还不知在外面跟哪个野汉生的呢，这年头儿外出打工的女子有几个是囫囵个儿回来的……”爹娘骂爱娣傻，爱娣也后悔自己不该一时心软，可当时眼睁睁地看着这么一条人命真不忍心不管。

爱娣的名声就这么坏了。

没人愿意找这么个女子做婆姨，连媒婆都懒得登门了。萌萌 3 岁的时候被爹娘送过一回，可是爱娣不放心，去看了一次，萌萌抱着爱娣的腿哇哇地哭个不停，哭得爱娣的心就像是刀剜的一样，索性又硬着脸把孩子抱了回来。

萌萌不可避免地经常在外面被调皮的孩子们欺负，骂她是“野种”。每次回来，萌萌都委屈得哭个不停，问爱娣为什么别人总骂她是“野种”，到底什么是野种？爱娣又气又难过，却不知道该怎么回答。爱娣就这样一年拖一年地成了远近闻名的“老姑娘”。

这年夏天，终于有一个丧偶的瘸腿男人托人上门来提亲。瘸腿男人比爱娣小两岁，在镇上摆一个修鞋摊儿，也许只有这样的人才肯接受爱娣和萌萌。爱娣一狠心，嫁了。

而 10 岁的萌萌虽然一开始有点害怕，但后来觉得这个“爸爸”还不错，不但给自己买新衣服和新书包，并且每次从镇上回来都会捎回一大堆好吃的给自己。

萌萌觉得自己有了一个幸福的家。

可是暑假里的一天，爱娣把萌萌叫到跟前很突然地对她说：“我带你去广州吧，去找你的亲爸亲妈。”萌萌顿时吓得瞪大了双眼，不知道妈妈为什么突然要这么做。

“我也是为你好，你跟着我们过这种穷苦日子，将来不会有什么出息，恐怕我们连大学都供不起你……”爱娣一字一句地说得好像很坚定却又有种遮掩不住的艰难。

“妈，你是不是不想要我啦？”萌萌忍不住心里的恐慌和难过哭着说道，“我不上学也行的……”“说什么话，没出息的东西，再说我撕烂你的嘴！就这么定了，明天我们坐车去广州，找你亲爸亲妈去……”爱娣的恶狠狠怎么看怎么像装出来的，可是 10 岁的萌萌觉察不出来。

晚上，萌萌起来上厕所，听到了里屋的议论：“咱不就想添个孩子吗？干吗非得把萌萌送走呀？计生委要的那一万块钱我有……”是“爸爸”的声音。

“你说得倒轻松，你以为光是这一万块钱的事呀！将来还要上高中、上大学，恐怕到时候咱连饭都吃不上，就你那个破修鞋摊儿能挣几个钱……”听到妈妈这么说，萌萌的心一下子碎了……

果然是不想要她了，他们要生小弟弟了，有了自己亲生的孩子，就不要她这个捡来的“野种”了。萌萌扑倒在床上，把自己死死地裹在被窝儿里掉眼泪……

第二天一大早，爱娣就把萌萌叫了起来，两个人在村口坐上开往市区的公共汽车，然后又在火车站买了去广州的火车票。

来到广州后，为了省钱，爱娣在市郊租了一个便宜房子。然后在一个小文印部印了 1000 张寻人启事，然后坐地铁按照印象中的地址去找当年自己打工的那个服装厂，可是时过境迁，服装厂早没了。没办法，一脸茫然的爱娣只好以当年服装厂的位置为中心，在方圆 3 公里范围内到处张贴寻人启事。

可是半个月过去了，却一点消息和眉目也没有。眼看手里的钱就要花光了，到了每天只能吃两顿馒头、咸菜的地步。见爱娣一天天疲惫憔悴的样子，萌萌哭着说：“妈，咱回去吧。别找了，回去我就不上学了好不好。我也会干活儿养活自己的……”

爱娣的泪哗哗地就流了下来，把萌萌抱进怀里。

这天晚上，突然一对中年夫妇找到出租屋来，说这些日子每天看你们母女在街上真是怪难的，我看你们这样毫无目的地找下去，也许根本就不会有什么结果。我们是附近一所学校的老师，结婚 10 多年了，一直没有孩子，如果相信我们的话，我们愿意收养萌萌。

爱娣一开始有些难过，但转念一想，这也只能是目前最好的解决办法了。但还是心存顾虑，就对那对中年夫妇说再考虑两天。于是中年夫妇留了手机号，说考虑好了给他们打电话。

第二天，爱娣就去了中年夫妇说的那所学校，打听到他们果然是这里的老师，并且口碑很不错。爱娣终于肯放心了。

把萌萌送到那对中年夫妇家的那天，爱娣走到萌萌的屋里流着泪哽咽着说："本想着是来找着你亲爸亲妈的，可是现在看来希望不大了。妈也是没办法才这样做的，家里现在这么穷，我真不忍心将来你跟我过那种毫无希望的苦日子。现在有这对好心的父母肯收养你，我就放心了。我打听过了，他们都是好心人，又在广州这样的大城市，他们一定会好好地培养你的……"

萌萌一直阴着脸，不肯说一句话。

爱娣从怀里掏出 200 块钱塞到萌萌的书包里，然后转身离去。出了门，爱娣便死死地捂住自己的嘴跑出楼道，一路哭到火车站……

暑假开学两个月后，萌萌要办户口和转学手续，给爱娣打电话，可是电话那头却是男人的哽咽的声音，说爱娣 3 个月前查出了乳腺癌。

中年夫妇把哭得一句话也说不出来的萌萌带回了安徽老家，在一个山区小镇卫生所简陋的病房里，爱娣整个人已憔悴得脱了人形，只剩下微弱的呼吸。

其实，爱娣早在 4 个月前的一次孕前检查时，就被检查出了乳腺癌，只是那成了一个只有她自己知道的秘密。

有一种疼叫长大

这世间总是有那么多的少年荒唐，这世间也总有那么多的浪子回头；叫浪子回头的，不是他从前丑陋的欲望与幻想，而是生在他心里的那份惦念。

自从进了市区的职业技术学校之后，连城再没回过家。这是他早早计划好的“阴谋”，所以有了开学前的那次激烈的争吵。

那天他把入学通知单摔在牛二的面前说：“给我5000块钱，从今往后，咱们路归路、桥归桥，各不相干。”牛二，其实大名不叫“牛二”，叫牛得山。牛得山年轻的时候是街面上有名的小混混儿，排行老二，所以人们就都叫惯了“牛二”。13岁那年，连城也管牛得山叫起了“牛二”，从那以后，就爹不是爹，儿子不是儿子了。因为那年，上初中的连城在学校里跟人打架，用水果刀把人捅了，好在抢救及时，没出人命。牛二在拘留所里火冒三丈地连扇了连城好几个耳光，骂连城：“犊子，不学好……”连城就红着眼睛，梗直了脖子回骂：“你就好，我这叫上梁不正下梁歪！”牛二气得像点着的炮仗扯过连城还要揍，民警就给拦了。

牛二两年前打架把人伤了，进了监狱刚放出来不久，当年从外地哄骗回来的老婆也在牛二被关进去不久，就不知跑哪儿去了。连城就这样成了寄养在社区养老院里的“孤儿”，三晃两晃也成了街面上偷东西、打群架的野孩子。牛二从监狱里放出来，本来是打算好好过日子的，牛二在街面上有两间街面房，正好赶上拆迁，牛二计划好了，要做个小本生意，可连城这架一打，就全赔进去了：70 多万元。也等于把牛二以后的日子给赔进去了。

本来的满心的希望一下子就像肥皂泡一样破了，牛二无家、无路，也住进了养老院，给养老院的老人们做饭，是街道派出所安排的，一月给 800 块钱工资，管吃，住一间仓库房，但连城不肯跟他住，连城和养老院的一个 70 多岁的孤寡老头儿睡一个屋。牛二除了照本宣科地一天做养老院七八十个老人的饭，其他的时间都跟烟酒混在一起，两块五一包的烟一天不离手地抽三盒，三块五一瓶的劣质酒，一天喝两瓶，喝醉了就满世界找连城，找着就骂、就打，连城最初是躲、跑，到后来就急了眼拿起棍子跟牛二干，还放狠话：“牛二！你要再打，有你没我……”

养老院的老头儿、老太太们从一开始劝，到后来就都变成了摇头、叹气。

连城在初中混了三年，啥学校也考不上，但职校可以免试入学，职校的名声不好，前途也渺茫，连城还是铁定了心要去上，因为可以住校，或者还能学个手艺，将来能找个混碗饭的工作。最关键的一条还是，连城想和牛二彻底的一刀两断。

牛二不明所以地看着连城，喷着呛人鼻子的酒气说：“你想做什么、无法无天了，你不作能死，你到底要干吗，翅膀硬了是吗……”

连城阴着脸说：“我觉得有这样的家丢人，有你这样的爹丢人……”

“你、你……”牛二那句“浑蛋”终于还是没骂出口来，只是气得涨紫了脸，只顾摸过酒瓶子一个劲儿猛往嘴里灌酒……

一瓶酒见底之后，牛二又起开一瓶白酒，费力地抖着他的嘴说：“你就是真长了翅膀，长仨脑袋，我也是你爹……”

连城说：“你不配！”

话刚落地，连城突然觉得身子被重重一击，那瓶酒就洒了他半身，然后碎在他脚前……

连城没被吓倒，而是从裤兜里摸出一把水果刀，然后迅速地在手臂上划了一刀，狰狞地喝道：“就按我说的办，要不这血就全流给你！”

牛二没想到连城会这么干，一下子被吓倒了，慌忙地上来抓连城流血的手，竟无措地呜咽起来：“这是做什么了、做什么了……”

连城被扯去附近的诊所，做了简单的包扎，然后拿着牛二从银行里取出来的 5000 块钱去职校报到了，扔下身后捏着那张只剩下 6 块钱的存折的牛二，连城知道这个，因为银行窗口里的那个女的对牛二说：“就剩 6 块了，你得记着再存上点钱……”

职校的生活，陌生的环境，让连城多多少少有了一些轻松与安宁，因为没人知道你来自哪里，也没人了解你的家境、出身，甚至以前的种种劣迹。连城希望自己在这个新的环境里得到一个新的自己。

连城好好地包藏自己，不露声色。但一年下来，连城还是有了莫名的孤独，这孤独缘于他的相形见绌、捉襟见肘。因为学校里不少子弟，他们衣着光鲜、花钱大方、耀武扬威。而连城长年穿着校服，打着公式化一成不变的“一日三餐”(最廉价的那种)，连城的钱必须精算到“角”花。连城本能地沉默寡言，甚至和同桌以及宿舍的下铺都说不了几句话，连城是个沉默的“怪物”，男生们都不怎么跟他“厮混”，更没有哪个女生正眼瞧过连城一眼。他们甚至怀疑过连城“脑子有病”。

连城不得不接受主动“隐形”所致的被动“边缘化”，但连城也时常耐不住青春的莫名冲动与孤独……

渐渐地，连城喜欢上一个新游戏。那就是半夜跳墙出去上网，为了省出上黑网吧的费用，连城唯一的办法就是从伙食费里一点点地挤，由最初的减少每次的食量，到后来只买饭，不买菜，再到最后的一天只吃两顿，有那么半个月，连城一天只吃一顿饭。

高二的下学期，连城不是被老师在黑网吧抓住的，而是网吧老板把电话打到了学校值班室。因为他晕倒在了键盘上……

连城是被120拉到附近的医院的。牛二来了，不知所以，学校领导也来了，只说了两个字：开除。

牛二蒙了一下之后，没有光火，倒是一个劲儿礼貌地客气与乞求，然后眼光就要破碎地不时扫着躺在病床上的连城，长期营养不良导致的低血糖，已让连城面黄肌瘦，双眼呆滞，看上去像难民。

牛二不止一次担心地询问大夫：“人会不会废？”

好在大夫的回答没让他失望。

这次，牛二非但没有打，竟连一句骂也没有了。他只是每天拿了做好的饭菜，三餐准时地送来。

让连城奇怪的是，他身上突然没了“酒气”，倒有一股子浓浓的葱油味。

半个月后，连城出院。他知道牛二在养老院旁边开了一个小饭馆，挂了个牌子——“万喜饼店”，雇了一个农村辍学的孩子当伙计，烙葱油饼、各种馅儿饼、饼丝，也有几张零散的桌子，招待那些民工吃喝果腹、骂街解气……他在铺子的后面隔出一个6平方米的格子，摆了一张上下铺的铁床，料定是他和那个伙计一块儿住。连城还是照旧住到养老院去。一连在养老院住了7天，像那张靠窗户的床上的老头儿一样，眼睛盯着天花板躺了7天。老头儿已经起不来床了，听说瘫痪半年多了，他那5个儿女们轮流每个月来送一次钱，4000块钱，包括请护工的钱。

7天后，牛二来叫连城，说叫他去上学。连城有些诧异，牛二就打通了一个电话，然后在电话里谦恭客气地说了两句，把电话递给连城，是学校的教务主任，说叫他回学校上课，说是给他调换了专业。连城不知牛二什么时候竟然有了这样的神通，和教务主任攀上了关系。

学校警告连成这是他最后的机会，再犯一次错误就再没商量的余地。连城只好老老实实地待着，其实他真是愿意在这里待着的，他不愿意在家待着，况且，他也没有真正的家。

连城决定把自己变成一个“好学生”，一个连垃圾都不敢乱扔的“好学生”。

他百分百做到了，却变得比从前更加的寡言倔强。

调换去了数控机床专业，文化课相对简单，连城竟然喜欢上待在实习车间跟那些机器较劲。

一次同行类职校的技能比赛，让连城出了点小风头，拿了个冠军，得了3000块奖学金。连城忽然觉得：努力一下原来是不错的。

毕业的时候，学校里说有两条路走：一是可以考对口的学校，有不错的专科，也有一般的本科；二是校方负责安排就业，进厂入企上班。

连城是想早早挣钱独立的，但就在填报志愿的那天，却意外地接到了医院的通知。

牛二病了。

胃癌晚期，已经恶化。牛二只剩下两个月的命。

牛二只在医院住了3天，就说要回家。牛二说，这病治也是白糟蹋钱。医院没有阻拦，只是象征性地开给他几针哌替啶。

那夜，牛二疼得厉害，断断续续地唠叨，牛二说，他这一辈子活得失败，他说他这辈子唯一不失败的就是生了连城，但他又说他不配当爹。他说，其实害人的不是酒，是倒了的人心，是灭了的念想。他问连城，你知道什么是最疼的吗？有人说是癌症这种疼，疼得死去活来，疼得好多人想自杀。但其实还有一种疼比这个更疼，那年，你拿着刀子划自己的手臂，你割的不只是你自个儿……

牛二抖抖索索地摸出一个存折说："这上面有6万块，你去考个大学，不够的你自己再想办法吧……"

连城想说什么，没说。

但连城没想到，第二天一早，牛二竟然直挺挺地躺在床上不动了，手指把胸前的肉都抓烂了，看得连城心惊肉跳……

连城突然一阵心酸，一股苦涩泛上口来，嘴唇抖动，眼涨得一阵阵生疼，不停地哽咽地叫着："爸爸、爸爸、爸爸……"